# 把你
# 调到最佳位置

刘子非◎著

金城出版社
GOLD WALL PRESS

**图书在版编目（CIP）数据**

把你调到最佳位置 / 刘子非著. — 北京 : 金城出版社, 2017.8
ISBN 978-7-5155-1517-5

Ⅰ. ①把… Ⅱ. ①刘… Ⅲ. ①成功心理—通俗读物 Ⅳ. ①B848.4-49

中国版本图书馆CIP数据核字(2017)第188130号

**把你调到最佳位置**

作　　者　刘子非
责任编辑　王秋月　李凯丽
开　　本　880毫米 × 1230毫米　1/32
印　　张　9.25
字　　数　170千字
版　　次　2017年8月第1版　2017年8月第1次印刷
印　　刷　三河市龙大印装有限公司
书　　号　ISBN 978-7-5155-1517-5
定　　价　38.00元

出版发行　金城出版社　北京市朝阳区利泽东二路3号　100102
发 行 部　（010）84254364
编 辑 部　（010）84250838
总 编 室　（010）64228516
网　　址　http：//www.jccb.com.cn
电子信箱　jinchengchuban@163.com
法律顾问　陈鹰律师事务所（010）64970501

# 前言

在这个“大众创业，万众创新”的时代，给人打工似乎不再是职业生涯的第一选择，创业开始成为一个可行的选项；在面对各种职场问题时，改变自己似乎也不再是解决问题的第一渠道，辞职创业看起来也不错。

然而，失败才是创业路上的主旋律。在考虑就业还是创业之前，我们首先要把自己调到最佳位置。

如今的现实是，创业不仅需要各种资源，也需要职场积累，如果你自己不懂职场，又如何管理属于你的职场？不要奢想“辍学创业，然后成功”，想想你有没有成为“传奇”的可能。创业不是逃避就业的避难所，反而是一条更为艰辛的道路。

据统计，长期以来，国内创业的成功率超不过5%。因此，与其考虑辞职创业，你可能得先做好在职场一条道走到黑的准备。

在职场这条道上，很多人都哭诉着自己有多苦、有多累。但又有谁能在职场躺着赚钱呢？我们想要薪资、想要福利、想要尊严、想要实现价值，就只有全力以赴，亮出自己的绝招，收获我们应得的回报。

“能力决定回报”“成长需要学习”“做好计划”……这些话我们可能已经听过很多遍，但很多人却仍然无法真正明白：如果我们不愿在职场多做点、不愿养成好的职场习惯，又如何成为企业“网红”，成为别人口中的“老司机”？甚至于能否在职场生存下去都要打上问号。

职场总有弯路，你经受的委屈，冷暴力，拉帮结派，工作难，环境更难……如此种种，所有职场人都曾经历过。而此时，抱怨又有什么用呢？哭过、醉过之后，继续重复过去的日子？或者就此辞职，去搏那5%的成功率，只为了一句“给自己打工，好过给别人打工”？

其实，不跌倒几次，你又怎么知道自己能爬起来？不多爬起来几次，你又怎么能够成为高效能职场人士？如果不具备高效能，无论是跳槽，还是创业，对你而言都并非合适的出路，而只是另外一条弯路。

在我们的职业生涯中，我们都要经历就业、辞职的过程，有的人选择艰苦地创业，有的人则在不断地跳槽。然而，跳槽是门技术活，创业是条不归路。面对前路，你真的确认自己将要做出的选择吗？出路不重要，关键在于，始终把你调到最佳位置。

# 目录

## 第 1 章　你得做好在职场一条道走到黑的准备



## 第 2 章职场累吗？累就对了

## 第 3 章　能吃几碗干饭，你说了不算



## 第 4 章　何不多做点，当个企业“网红”



## 第 5 章　幸运的人总会沟通，迷茫的人总是无措

## 第 9 章　高效能职场人士的6个为什么



## 第 10 章　跳槽是门技术活，创业是条不归路

Optimum Position

# 第 1 章
# 你得做好在职场一条道走到黑的准备

## 1.1 / 在职场，你是“自己人”还是“局外人” /

只要在职场里待上一段时间，你就应该能够明确：你到底是“自己人”，还是“局外人”？

中午吃饭时，你是否能和别人凑到一起？午休时，你是否能参与别人的聊天话题？点下午茶时，别人又是否会主动喊上你？晚上下班时，你是一个人走去地铁站，还是三五成群？……

如果答案都是否定的，究竟是你不能融入进去成为“自己人”，还是你不想融入只想做“局外人”？

余西平就是这样一位“局外人”。从南京某高校毕业之后，他就进入当地的一家策划公司从事设计工作。这家公司规模并不大，只有不到十个人，但在这家公司工作的三年间，同事间却培养出了真正的友情。但在三年后，经过深思熟虑，为了进一步的发展，余西平离开了南京，来到了上海。

“魔都居，大不易”，初来乍到，余西平的求职历程并不顺利。迫于生活压力，余西平进入一家薪资还不错的策划公司，但在这家公司里，余西平却感觉自己与团队格格不入。他看不惯同事间的虚伪相处，在每一次的热情告别之后，在匆忙的人潮里，余西平的脸上都会浮现出一张“冷漠脸”。

首先，成为“自己人”，无需背弃本性。

余西平只想做“局外人”，其原因其实很简单：南京的工作经历让他感受到自我本性的释放，自由而舒适；但在上海，全新的职场环境，却让他感觉，想要融入，就必须委曲求全，背弃自己的本性，工作对他而言只是为了糊口。

对于很多人而言，职场都是一片苦海。在职场上，他们认为自己的价值没有得到尊重；在同事间，他们感觉只是虚伪的“点头你好”；即使对于工作本身，可能也只是为了应付每月到期的各种账单。

这就是员工感觉本性被压抑的原因所在，此时，他们不再期望在工作中实现自己的价值，而是每天盘算着周末的到来、退休的临近。

在职场，你是“自己人”还是“局外人”，这首先取决于你想成为哪种人。余西平不想成为“自己人”，自然会让自己徘徊于局外，对所处的职场冷眼旁观。但即使这份工作让他感到压抑，他仍然工作了两年的时间，因为首先他需要生存。

而当两年之后，余西平再次寻找新工作时，回顾这份职业生涯，他深深地感到得不偿失。因为他虽然借此获得了在上海存活的资本，但他却丧失了对工作的热情，直到很久之后，他才将心态调整过来。

成为“自己人”，并不需要背弃本性。当你感到自己与所处的职场格格不入时，你需要静下心来，分析现状并调整心态：

第一，忠于人生规划。每个人都应当对自己的人生有所规划，但所谓“计划赶不上变化”，迫于现实压力，我们的人生道路并非一条直线，而是曲折前行。无论如何，不要因为徘徊和迷途消耗生命。如果这份工作与你的人生规划相去甚远，那么，不如尽快逃离，以免投入更多的时间成本和机会成本。

第二，远离“角斗场”。很多职场人会感慨于“有人的地方就有江湖”，因此职场被看作“角斗场”，非强即弱、非胜即败的逻辑大行其道。然而，世界给了每个人足够的立足空间，以利人利己的心态对待职场，以豁达体谅的心态对待同事，会从中找到自己的发展空间。

第三，学会换位思考。当你感到与职场格格不入，成为“局外人”时，不妨学会换位思考，将你放在你同事的立场上，去审视自己扮演的角色。此时，你可能会发现，在你的同事看来，你才是那个特立独行的人。想要了解你所处的职场，就先争取让对方了解自己，如此才能判断二者是否相互合适。

其次，摆脱“局外人”，努力提升自己。

职场里总是有一种人，他们秉持着“事不关己，高高挂起”的态度。他们对于团队的工作完全没有参与热情，当其他同事全身心投入其中时，这种人却游离在团队边缘。

公司或团队的成就，与每个员工都息息相关。如果你坚持“局外人”的身份，必然会消极对待这份工作。或许这份工作确实不合你意，但长此以往，你无法得到同事与上级的认可，你的消极也会形成惯性，让你陷入平庸。你的事业也将难以得到提升。

工作的目的绝不仅在于挣钱，而是通过工作实现自身的价值。因此，职场里的每一天都应当用于提升自己。余西平以“局外人”的身份工作两年，但在这两年间，他获得了什么呢？除了在上海活下来的资本之外，几乎一无所获。而机械化地重复工作，以及消极的工作态度，反而磨灭了他的工作热情，让自己的成长在这两年间陷入停滞，很难再融入到一个新的职场环境。

我们都有自我实现的需求，而“局外人”的身份绝对不可能让我们实现自我价值。对于“局外人”职场困境，破局的方法无非两种：

第一种就是跳槽。职场中之所以存在众多“局外人”，很重要的一个原因是：虽然迫于生活压力无法离职，但他们相信，在另外一个职场，他们能够自然而然地成为“自己人”，并实现自身价值。

然而，要经历过多少次跳槽，才能找到一个合适的职场环境呢？且不谈跳槽成功率的问题，频繁跳槽，事实上也是对自身工作热情的消磨，时间成本也随之不断流逝。在这种消磨中，你必将与自我实现渐行渐远。

与其跳来跳去、不断试错，何不试试第二种方法——摆脱“局外人”的身份。努力融入这个职场环境，最起码，也要努力提升自身的工作能力。

其实，换个角度想想，进入每个职场之前，你都要经过面试，与人事经理、部门经理有过沟通，每份工作都是双向选择的结果。既然做出了选择，当你不适应新的职场环境时，为何不能努力摆脱“局外人”的身份，以更加豁达的心态对待职场，并不断提升自己呢？

## 1.2 / 公司只会为你的成长埋单 /

“为什么还不给我涨薪？我都已经在这工作五年了！”很多人都存在“工龄工资”的概念，他们希望自己的工资每年都有可观的涨幅，但现实却并非如此，多数人可能为公司工作数年，其工资却仍然停留在同一档次。

这种情况甚至成为很多人跳槽的理由。然而，究竟是什么原因让你的工资停滞不前呢？难道真的只是因为公司太“抠门”？

陈雪峰自毕业之后，就进入某大型实业公司担任会计一职，至今已经三年时间。在刚入职时，由于是应届生的身份，陈雪峰的月薪只有将近四千元。然而，三年之后，如今他的月薪仍然为五千元——三年的工资涨幅为25%。而在这三年间，陈雪峰却清晰地知道，部门内其他员工的工资平均涨幅都达到40%—50%。

这一天，小陈终于按捺不住心中的怨气，询问老板这种“差别对待”的原因。老板却没有给予任何实质性的答复，只是敷衍了事。陈雪峰一怒之下，愤然离职，老板也并未挽留。事后，当他与一位朋友聊起这些事时，这位从事人事多年朋友却给出了解答。

首先，活得越久，工资越高?

“工龄工资”的概念确实普遍存在，也存在相关法律作为支撑，然而，按照政策规定，一年工龄对应的工龄工资也不过50元而已。在众多企业中，确实存在“抠门”的公司，不愿给员工大幅涨薪，但这毕竟属于极少数，而小陈的老板竟然能够给出人均两千元的工资涨幅，显然不属此列。

小陈想要的“可观的工龄工资”，其实是公司主动为此埋单——为了留住老员工、留住人才，公司愿意逐年给予一定幅度的涨薪。也就是说，普遍存在的“超额工龄工资”，并非公司的义务，而是公司留住人才的策略。

如果单纯地遵循“工龄越长，工资越高”的逻辑，那在忽视退休年龄时，是否就应该活得最久的人工资最高呢？这种逻辑显然是个谬误。

我们总是会遇到这种情况：都是新员工，从业时间更短的他，比你的工资更高；工作数年，你的薪资却比不上一个新入职的员工。此时，你一定会问一句“凭什么”。确实，凭什么呢？

为何工龄在这里没有体现出价值？答案当然不是公司看走眼了，而是你没有看出别人的价值所在。你的价值高低并非体现在时间长短上。

其次，将欲取之，必先予之。

“工龄越长，工资越高”的现象确实存在，但其背后的逻辑却在于两点：

其一，从业时间越长的人，理应具备更高的技能熟练度和专业度，运用这些技能，就能够为公司创造更大的价值；

其二，某公司供职时间更长的员工，理应对公司各项流程更加熟悉，能够融入到团队当中，更有效率地创造价值。

基于此，他们值得公司为其开出更高的薪资。也就是说，在“工龄越长，工资越高”的背后，仍然是“价值越高，价格越高”。只有当你的时间赋予你更高的价值时，公司才会为你埋单。

公司之所以愿意为工龄埋单，其实是为了工龄背后的成长。人力被看作一种资源，而与其他公司资源相比，人力资源最大的特点就在于成长性。现金会贬值、设备会折旧，但人却会随着时间不断成长、升值。

当小陈的涨薪幅度，远低于其他员工时，究其原因，其实关键只有一点，那就是当其他员工不断提升自己的价值时，他却没有跟上公司成长的步伐。老板能够“人道地”给予小幅度的涨薪，但当他离职时，自然也不会有什么挽留。

想要在职场上获得更多的资源，你就要学会让公司愿意为你埋单。而公司并非公益性组织，而是盈利性组织。只有当你能够为公司创造价值、实现盈利时，公司才会给你涨薪，这是对你付出的奖励，也是对你继续成长的激励。

最后，逐级而上，跳跃前进。

公司的发展就如一条奔腾的河流，而你则是河流上的一只小鱼。这条河流里有无数的小鱼，而支流上也会不断有大鱼汇入。只有当你跟上河流的流速时，你才能活得更多的食料，并不断成长为大鱼，否则就只能被支流来的大鱼淘汰。

在这条奔腾的河流上，如果你跟不上河流的速度，它就会成为你前进的助力，相反，如果你超过流速，它则会成为你的助力，推动你前行。当你成长为河流无法承载的大鱼时，你终会发现，你所在的河流也不过是一条支流，你将由此进入一条大江。

公司的责任只在于给你足够的劳动报酬，而你的责任却是你的自我成长。只要你能够为公司创造更大的效益，公司就会为此埋单。那么，当你的成长速度超越公司呢？此时，你就将成为公司愿意尽心留下的人才。在与公司的“博弈”中，你也将获得更大的话语权，你将得到更高的薪资，被摆在更重要的职位上，甚至拥有带薪培训、出国学习等诸多“特权”。

在前面的故事中，陈雪峰之所以急切地与老板“摊牌”，其实是因为受到另一个员工的刺激。在小陈工作的第二年，会计部又来了一位应届生，这位应届生在入职初期还有点“招人烦”，因为他总是问这问那。但又一年过去，这位应届生考到了中级会计职称，老板也将他的工资从四千元涨到了六千元！

你的成长必须不断提速。在市场竞争中，每个公司都在不断提速以获取竞争优势；职场中也同样如此，你必须为公司的不断成长做出贡献。如果你陷入停滞，则会有其他的员工来代替你。同样，当公司无法承载你的成长时，你也可以良禽择木而栖，跳向更大的平台。

你的成长会促动公司的成长，公司在成长过程中，会提供资源推动你的成长。毕竟，会贬值的资源必须投入到可升值的资源中时，才不算是亏本的买卖。在这样的良性循环中，你们才能实现共赢。也只有如此，当你在职场一条道走到黑时，才能走出自己的康庄大道。

## 1.3 / 强烈的欲望是职场晋升的发动机 /

在职场中，即使你成为“自己人”，并不断推动自身成长，但成长之后呢？自我成长需要得到衡量，或增加工资、或提升职级、或评定职称……如果自我成长没有得到相应的晋升，你必然会觉得不公，你的积极性也会被打击。

然而，那些在某一职位工作三四年的人，究竟为何仍然得不到晋升呢？

在纠结这一问题之前，你不妨扪心自问：“我是否对于职场晋升有强烈的欲望？”

很多人可能觉得这是句“废话”，谁不想晋升呢？但事实上，在讨论职场晋升之前，我们首先要理解：并非每个人都想要晋升；或者说，并非每个人都想在职场中获得晋升。

相信每个人都曾遇到过这样的同事，他们有着令人羡慕的

“背景”：出色的毕业文凭，优渥的家庭环境，以及良好的沟通能力。他们对于工作尽责尽力，但却没有多少热情，有时候，旁观者甚至会产生“他们是来体验生活”的感觉。

对于职场生涯，每个人的感受和欲望都不同：有的人只为挣份薪资、养家糊口；有的人学习经验，将此当作跳板；有的人真的只是在这体验生活……他们并不强烈渴望晋升。

只有当我们真的渴望晋升时，这种强烈的欲望才能成为我们职场晋升的发动机。然而，发动机是必要条件，却并非充分条件。没有轮胎、方向盘和底盘的汽车，即使发动机再强力，也不可能启动，更无法载着你向目标前行。

梁峰的努力在公司里有目共睹，在不过三年的时间里，他就从销售新人成为业绩榜上的“常客”，甚至蝉联两季“销售冠军”。随着公司业务规模的扩大，梁峰也顺利成为销售三组的组长，下辖十个销售专员。

迅速地晋升之后，梁峰并未懈怠，继续坚持提升自己。但又过了四年的时间，梁峰已经经历了第二位销售主管的离职，梁峰每次都主动毛遂自荐，认为自己能够承担起销售主管的重担。但老板的回答都是：“再等等……”

究竟要等什么？要等到什么地步？直到一个老下属的离职，梁峰才明白过来。

销售部门的人员流动性普遍偏高，梁峰对此很清楚，但每次团队换血时，梁峰都能及时补充新鲜血液。但在他的团队中，却有一位跟了他三年的下属——李志成。第一次看到小李时，梁峰就在他身上看到了自己的影子，梁峰也真正努力着手培养小李。

小李成长得很快，但近半年来，梁峰却能明显感到小李的懈怠，甚至是放纵。因为工作性质的原因，公司对于销售的考勤等行政要求并不严格。但小李最终却是因为缺勤太多被劝退。

期间，梁峰与小李面谈过很多次，但却毫无效果。直到小李离职之后，梁峰终于发现了自己的问题所在：他虽然是基层管理者，但仍然停留于“师傅带徒弟”的境界，而当下属分担了许多实际工作之后，梁峰继续专研如何提升业务能力，而非提升管理能力，更未曾真正站在管理者的角度看待问题。如此一来，老板的意见当然是“再等等”。

不想晋升的员工确实存在，他们或许本身没有自我实现的欲望，或是有其他自我实现的需求。但职场里的绝大多数人，都必然渴望晋升。这种强烈的欲望就是你的发动机，那么，除此之外，你还需要什么才能真正推动晋升的实现呢？

首先，轮胎——动力转换器。

强烈的欲望是职场晋升的发动机，而在此后，你还需要将这种欲望真正转化为前进的动力。在长达七年的时间里，梁峰一直都在努力学习专研，从一个销售新人，迅速成长为“销售冠军”，这都是因为他对晋升的渴望，一直激励着他前行。

心动，更需要行动。我们都渴望晋升，但这种渴望能否转变为行动，落到实处呢？很多人“心比天高”，却只想着通过熬资历实现晋升，这又怎么可能？职场上永远都是“达者为师”，若没有足够的能力，纵使到退休之年，你也可能仍然混迹于基层。

其次，方向盘——方向修正器。

在生活中，“好心办坏事”的案例比比皆是，在职场中也同样如此。如果不能掌握好前进的方向，你可能走上歧途，甚至掉到沟里。基层工作大多十分繁琐，也难以做出成绩，但你却愿意坚持下去，这确实不容易。但能够坚持做完琐事，不代表就能熬到晋升的那一天。

在职场晋升的道路上，我们需要不断修正前进的方向，让我们能够走在正确的道路上。梁峰能够顺利成为销售组长，却难以更进一步。正是因为当他处于基层管理的职位时，仍然将主要精力放在业务能力的提升上，却没有及时转换角色，提升自身的管理能力。

管理者确实需要必要的业务能力，但更关键的是：对上，他需要思考团队的未来发展，研究如何放大团队成就并赢得公司认可；对下，他需要为团队成员设计晋升路径，让他们能够在团队里实现自身的渴望。

如果方向盘无法及时转向，那我们的动力可能都只是在做无用功。老板让梁峰“再等等”，并非等他再往前进，而是要等他修正方向。

最后，底盘——平稳支撑器。

风险无处不在，道路也并非一帆风顺。如果居住在海边，你的房顶是否能经得起暴雨的侵袭？如果行驶在山路，你的底盘又是否能承受住沿途的颠簸？在职场晋升的进程中，我们必然会遇到各种各样的阻碍，我们必须为自己打造一个坚固的底盘，支撑我们平稳前行。

在我们不断修正方向、向前行进的过程中，职场可能会发生各种各样的意外：技不如人，被捷足先登；职位空缺，却迎来“空降”；部门合并，乃至公司倒闭……

职场晋升很多时候都是“一个萝卜一个坑”，如果在“坑”出现时，我们还未成长为合格的“萝卜”，就不得不等待下一个机会；有时我们终于成长为优质的“萝卜”时，“坑”却不再出现，我们只能继续等待，甚至重新再来。

面对种种可能存在的职场风险，我们不得不为自己塑造一个坚固的底盘，支撑我们顺利地晋升。对于每个职场人而言，底盘的构成要素各有不同，但最关键的就是：维持生活的金钱；实现晋升的能力；判断趋势的眼光。只有如此，我们才能尽可能地避免风险，并让风险承受能力最大化。

## 1.4 / 除了赚钱，你总得收获点什么 /

“不要和我谈工作，我工作的目的就是为了挣钱，我最大的理想就是——挣足够的钱，不用再工作！”这句话经常出现在我们的朋友圈和其他公共主页上，甚至成为微博的热门话题。

工作是为了什么？绝大多数人会不假思索地回答——“挣钱！”的确，从实际和长远的角度来看，工作就是为了挣钱，不工作就没有收入，就会连最基本的物质保障都没有。是什么供养着我们活下去，空气？食物？物质？……这所有的元素归根结底就是一个字——钱！正因为如此，越来越多的人，在工作和钱之间画上了等号。

然而，正确的数量关系应该是工作>钱。挣钱只是工作最基本的属性，也是我们付诸劳动的最基本的条件和保障。除去睡眠，我们每天有二分之一的时间花在工作上，清晨沐浴着露水出门，傍晚伴着暮色归家。我们将如此宝贵的时间花费在工作上，就应该有意识地去获得远比钱更重要、更丰富的东西。

第一，获得相关技能的学习机会和提升。

人是学习型的生物，无论多么陌生甚至闻所未闻的事物，只要花费时间去了解和实践，总会有熟能生巧的饱和期。这也正是很多人从就职到退休，一直在一家企业工作的缘由。工作不是我们对学生时代的告别，而是一种延续。工作中，我们仍旧需要保持着好奇和求知的欲望，不断地刷新自己的脑容量，不断更新自己的技术库。倘若只满足于现阶段的只是知识技能储备，也就只能一直在同样层次的岗位上辗转。

小王离职了，朋友和亲属都认为小王的决定是冲动的、错误的。而小王却毅然决然地辞掉了这一份在同行业内薪资较高的职位。原因就是因为，公司岗位政策的变动使得岗位职责从风险控制变成了电话验证，这不仅不能让小王巩固自己已经习得的风控技巧，反而存在让已有技能退化的风险。如果一份工作带给我们的收获，只有金钱，那么便失去了工作的意义。小王辞职半年之后，公司也因为业务萎缩而倒闭。

不进则退，肌肉会因为缺乏锻炼而萎缩，大脑也会因为长期不运转而“生锈”。在工作中，我们要有意识地提升自己专业技能，不能满足于对手头工作的熟练。我们要发掘自己更多的潜力，主动学习和专业相关的知识和技能，在工作中、工作后有意识地丰富自己、提升自己。机会永远是给有准备的人的，努力提升自己才能不错失以后遇到的宝贵的机会。

第二，获得良好的沟通、交际和处变不惊的能力。

工作中，不可避免的问题就是职场里的人际关系问题。人是群居性的生物，有特定的社交需求。初入职场，很多人战战兢兢，不懂得拿捏人际交流的分寸，没有任何关系网络。

关于人际关系，在工作中我们应该至少能够有稳定的关系圈和处理职场“潜规则”的能力。人与人的交往是复杂的，与不同的人交际需要不同的态度和方式。在工作中，我们要学会建立自己的关系圈，这种关系圈不会因为工作的变动而破裂。我们总有需要他人帮助的时候，良好的人际关系能够帮我们绕开很多不必要的弯路。

Mike Li刚移民至英国的时候，找工作成了最大的问题。有家室的他不可能像留学生一样从餐厅服务员开始做起，在专业相关、薪资可观的工作的竞争中，常常不敌本地的“关系户”。Mike消沉了很久，甚至一度怀疑自己移民是否是个错误。在参加一个招聘会的时候，Mike惊诧地发现面试官的助手竟然是自己国内的旧同事John，而Mike曾是John的上级，曾非常照顾John。最终因为John的推荐，Mike获得了这份工作。

众所周知，很多职场中的明争暗斗、草木皆兵堪比一部《甄嬛传》。如果没有良好的沟通和交际能力，轻则在“职场战争”中成为炮灰，重则摧毁一个人的意志。有利益就有斗争，所以没有完全公平无争斗的职场环境。因此，我们应该在工作中学会观察、学会分析、学会在提升自己的同时保护自己的利益不被侵害，不成为职场中的牺牲品。

我们工作，最基本的目的是满足自己的物质需求，能够独立生活。但如果工作的目的仅限于此，我们就会将自己禁锢在一个进退两难的位置上：不工作，就没有钱，工作，唯一的快乐就是挣钱。长此以往，我们会被这种思维扭曲，这是一个后果严重的恶性循环。

工作的真正意义远远不止于钱。我们花费生命里那么多宝贵的时间去工作，想要得到的，或者应该得到的也不仅仅是金钱。当然，工作本身不会主动赋予我们金钱以外的其他东西，我们应该主动去探索和发掘工作的乐趣，将工作和自己的发展甚至是人生目标联系起来。一份工作中，我们除了能够获得技能的提升，岗位的晋升，还应该有个哪怕模糊的概念和轮廓，知道该朝着哪个方向努力。然后才能去细化阶段性的努力方向，比如某方面知识和技能的习得及提升，比如某方面人际关系的发展和巩固，比如对某些机会的争取或者放弃。

当然，工作是有压力的，偶尔也有繁重得喘不过气的时候，我们或许没有能力和时间能够在一份工作或者一段时间内得到所有上述的东西。但至少，我们该有这样的意识——工作中，除了钱，我们总要获得些其他东西。这些其他的东西，不仅仅局限于技能和人际关系，也可能是对职业和发展的新的选择，也可以是对人生新的理解和规划。

让我们用新的眼光来看待和分析自己现在的工作，认真地发现工作中能够让自己更专业、更成熟的东西。不要让金钱成为我们工作的唯一目的，不断成熟和强大的自己才有机会获得更好的工作机会和物质生活。

## 1.5 / 公司一直在寻找你的替代者 /

几十年来，我们听过多少遍“只有努力，才能成功”？离开努力，固然不可能成功，但我们也要清楚，“努力万能论”其实是个彻头彻尾的谎言。“只有努力，才能成功”，并不代表“只有努力，就能成功”。一字之差，却有天壤之别。

只依靠努力，你无法打赢泰森，因为你没有圣斗士的小宇宙；只凭借努力，你不会富过盖茨，因为你没有童话里的金手指。即使你再努力，在职场上你也不一定会获得成功，甚至可能会遇到被劝退的一天，理由只有一个：公司找到了你的替代者。

届时，无论你如何控诉公司的“过河拆桥”“不人道”，都无法改变你被替代的现实。你可能觉得你已经足够努力，甚至过分努力，但这并不代表你的努力一定能转变为能力，帮助你在职场获得成功。

公司一直在寻找你的替代者，此时，作为员工的我们，又该如何对待这种局面呢？毕竟，没有人愿意被替代。

第一，理性到“无人性”。

职场有时候很复杂，有时候也很简单。职场生存法则的基本原则就是：留下来的永远都是最有价值的人。

与其他员工相比，吴蓉绝对是团队里最努力的员工，这一点毋庸置疑。但在这个春节回来的第一天，吴蓉就被喊到老板办公室，一个小时的谈话之后，吴蓉开始向同事交接手里的工作。

在这家理财公司，吴蓉担任HR的工作已经一年多。众所周知，理财公司内部架构里，占比最大的就是销售人员，而销售人员的高流动性，也使得HR的工作难度剧增。

有的理财公司HR甚至感慨：“有时候，我觉得我比那些电销，还像电销，每天都在打电话约人面试。”吴蓉扮演的正是这样的角色，但就如电销一样，电话打得很多，却总是打不出成绩。

一年多下来，与其他HR相比，吴蓉招募到的员工最少，其招募来的员工质量也普遍偏低。而在这个春节期间，老板认识了一位业内的知名HR，一番交谈下，这位HR答应跳槽过来帮忙，并带来一整个“金牌销售团队”。正如销售团队里有“末位淘汰制”一样，吴蓉也作为“末位”被劝退离职。

对于这样的结局，吴蓉感到很委屈，但长期的HR工作经历，也让她明白，职场就是这样“理性到‘无人性’”。事实上，在这一年间，吴蓉也曾经多次劝退“末位”员工，只是没想到，这次竟然轮到了自己。

在职场环境下，人力被看作一种资源。与其他资源一样，公司一直都在追求性价比最高的人力资源。同等价格下，公司需要最优质的员工；同等质量下，公司需要最便宜的员工。职场就是这样理性到“无人性”的程度，如果员工只有“劳苦”，没有“功高”，就随时可能面临被替代的命运。

“我工作最努力”“我工作最长时间”，并不代表我们不可替代。工作最努力，却仍然做不出成绩，说明我们可能不具备岗位所需的能力或悟性；工作最长时间，但却比不过新人，说明我们在人才市场上缺乏竞争优势。

此时，与其控诉公司“无人性”“不人道”，不如反思下自己：这个职业是否真的适合自己？这么长的时间，我的工作能力能否与时俱进？

第二，信任到“无条件”。

在职场中，公司一直在寻找你的替代者，而对此，我们也要理性对待。公司作为盈利性组织，必然会追求所有资源效率的最大化，人力资源是其中的重要一环。

“理性到‘无人性’”是组织发展的必要条件，但我们也不必因此失去对公司的信任。相反，我们还要对公司和团队信任到“无条件”。很多人觉得这不是“以德报怨”吗？这其实就是思维方式的差异。

公司寻找替代者的行为，是一种理性行为。而作为职场人，这种行为也是公平的体现。因为只要我们能够保证自身的性价比最高，确保自身的“不可替代”，就无需惧怕会遇到被劝退的那一天。信任也由此而来。

职场未来不可预计，我们随时可能面临各种风险，但如果因此畏首畏尾，失去对公司和团队的信任，也就难以取得长远的发展。打个比方来说，信任是“1”，能力是“0”，只有当前面有“1”时，后面的“0”才能发挥效用，否则，再多的“0”都只是“0”。

在公司里，只有相互信任，才能让每个人的能力结合在一起，发挥乘数效应，创造出非凡的成就。而对于每个员工个体而言，也只有在这样的相互协作中，才能真正提高自身的职场生存和发展能力。

自我实现就是实现自身的价值，而自身的价值想要发挥出来，就需要团队的合作。在这个团队中，任何一个人的能力缺陷，都会成为木桶的短板，造成整个木桶水准的降低。

试问，如果你是木桶中的长板，却因为短板的限制，而无法实现自身价值，你是否会想要换掉短板呢？尤其是在短板如何努力，都无法成长的情况下。

正如吴蓉的情况一样，如果你也是HR团队的一员，肩负公司员工不断换血的重担，却因为她的能力有限，而首先需要面对公司发展，进而要承担起更重的责任，你是否会有所怨言呢？虽然吴蓉确实十分努力，但她的努力却完全没有发挥作用。此时，你是否会想要一块长板替换掉这块短板呢？

与之相对的，站在那位业内知名HR的立场上，就不会存在被劝退的危机感。在与公司的博弈中，他拥有绝对的主动权，一旦公司无法满足他的自我实现需求时，他也可以与老板交流，甚至直接换个公司。

每个公司的发展，都是通过所有木板的协同成长实现的，任何短板的出现，都会被长板所替代。只有如此，公司才得以发展，我们才能随着公司而发展；而当我们成为公司里的佼佼者，反而感觉自身的发展受到公司限制时，也会有其他公司作为选择。

因此，对公司信任到“无条件”，实际上就是信任自身通过努力不会成为短板，而在自身能力的不断提升中，我们也必然会得到充分的发挥空间，最终实现自身价值。

## 1.6 / 把你调到公司最佳位置 /

纵使“大众创业”的口号已经回荡多年，很多人的心目中，也都有着“自己当老板”的梦想。但不可否认，现实是，绝大多数人都只能成为一个“打工者”，甚至一生都将扮演着“打工者”的角色。

其实，很多创业者在体验了一番“自己当家作主”的感受之后，仍然回归职场。即使国家出台了许多关于鼓励创业的扶持政策，但创业形势并不如想象中乐观。有数据显示，中国创业公司的失败率高达90%，大学生创业的失败率更是高达95%。

你可能要在职场上一条道走到黑，对此，我们每个人都需要做好完全的准备。在职场上，摆脱“局外人”的身份，融入公司；在工作中，不断提升自身能力，争取晋升。由此避免被他人替代，并让自己走得更好、更远。

在很多人的认知中，职场无非就是安心工作和广泛社交。但事实上，在混迹职场之前，你首先要找到合适的职场起点，把自己调到公司的最佳位置，才能在学习与奋斗中抵达终点。否则，错误的起点自然会导致终点难以确定，很多人也随之在职场这条道上迷失了方向。

何谓合适的职场起点、公司的最佳位置呢？衡量的关键点有三：爱好、能力与市场，三者缺一不可。

这样的位置也被称为职场的“甜蜜区”：因为是你喜欢的，所以你工作具有热情；因为是你擅长的，所以你成长更加迅速；因为是有市场的，所以你能借此实现自我。

但在现实中，我们却很难找到这样的“甜蜜区”，反而让自己陷入一种尴尬的境地：

第一，爱好缺位——“倦怠区”。

很多人从文理分科开始，就并非以自身的爱好为出发点。对于一些人而言，之所以学理，只是因为以后的就业前景会更宽广。这种情况也延伸到大学选专业，继而延续到就业。

汪凯俊在高中时，就因为这样的理由，被父母逼着选择了理科，大学时则进入了北京某高校的计算机编程专业。毕业之后，汪凯俊也顺利进入中关村的一家知名IT公司，担任程序员的工作。

在互联网经济迅猛发展的这几年，汪凯俊的薪水也水涨船高。每次聚会时，他的亲戚朋友都会说上几句：“你当初可是选了个好专业，现在发展这么好。”但汪凯俊的内心却是深深的倦怠，因为这并非他喜欢的工作。

如此选择的依据，无非就是自己的专业背景和市场的宽广前景。而在他的内心，他实际上想要成为一位小说作家。但频繁的加班，却让他连尝试创作的业余时间都得不到。

去年底，汪凯俊终于在家人的不解和反对中，跳槽到一家小公司，每天做些简单的工作，却将大部分的精力放在小说创作上。

如果你所从事的工作，你自己都不喜欢，那你就不可能在这份工作上，获得长远的发展。纵使每个月都能拿到不错的薪资，你的内心也只会产生深深的倦怠感。

第二，能力缺位——“失败区”。

你喜欢编程，你如愿以偿地面试上程序员的工作，但可能直到一年后，你才会发现，自己确实不是编程的材料。这样的无奈并不罕见，尤其当你是“努力万能论”的拥泵时，你就会相信，我从事我喜欢的工作，只要我努力，我就一定能做出成绩。

但现实却并非如此，每个人都有着自身的天赋与缺陷。在职场，很多人都饱含热情，踏上自己梦寐以求的职业道路，但最终发现，自己的能力根本不足以支撑自己在这条路上做出成绩。

汪凯俊带着巨大的决心，离开了前途远大的知名IT公司，跳槽到一家小公司。对他而言，这份工作唯一的意义就是糊口，支撑他尝试小说创作之路。这半年间，他终于整理完一部长篇小说的大纲，并写出了几篇短篇小说。

但在网络文学大行其道的今天，他是否能够在这条路上走得长远呢？或许在多年后，他会成为另一个“唐家三少”或村上春树；但除此之外，他或许只能成为另一颗小石子，投身到作家行当中，却连一点涟漪都不会泛起……

如果你不擅长你所从事的工作，纵使你有再大的热情，你也可能做不出任何的成绩。此时，即使你再想坚持努力下去，你也会成为公司里被替代的那个人，因为公司不会为你的梦想埋单。

第三，市场缺位——“断裂区”。

你很喜欢，你也很擅长，但你是否考虑过，你坚持的事业，是否有市场前景呢？职场需要梦想，但“梦想是丰满的，现实却是骨感的”。如果工作没有前途，或者说没有“钱途”，你就会陷入“断裂区”。

在东方卫视的《四大名助》栏目中，有一位“盔甲哥”就引起争议。这位“盔甲哥”热衷于对中国古代盔甲的还原和制作，并且做出的盔甲也都十分精致。而之所以引起争议，就是因为“盔甲哥”对于盔甲制作已经陷入走火入魔的状态。

在近十年的时间里，“盔甲哥”全身心地投入到盔甲制作中，每天从早上八点开始，工作到第二天凌晨。因为这样的投入，他的身体状态也每况日下，结婚六年至今，他也没有孩子。

除此之外，“盔甲哥”制作出来的盔甲虽然十分精致，但在当下，盔甲制作却着实没有市场可言。“盔甲哥”为了自己的梦想，有时为了筹集经费，甚至会找父亲、妻子借钱。

你有爱好、有能力，但你的工作却没有市场，你就会陷入市场缺位的“断裂区”。此时，你一定要及时“回归现实”，因为“钱虽然不是万能的，但没有钱，却是万万不能的”，在考虑爱好和能力之前，你先要保证自己不会饿死。

最后，进入“相对优势领域”。

公司里的最佳位置，就是你的爱好、能力和市场相互重合的领域。这样的领域并不好找，因此，从职场起点开始，我们就要做好职业选择。如何做选择呢？

你不妨为自己制作一张列表：第一栏为“爱好”，第二栏为“能力”，分别填入对应的子项；之后将两栏的子项连线，构成可能形成的工作，填入第三栏“工作”；再根据市场前景，对第三栏进行筛选。

举例而言，你喜欢“孩子”，擅长“沟通”，二者就能形成工作——“幼儿园教师”或“婴儿用品销售”；你喜欢“创作”，擅长“编程”，二者就能形成工作——“文字游戏开发”；你喜欢“盔甲”，擅长“手工制作”，二者就能形成工作“盔甲制作师”……

你的爱好与能力，能够形成各种各样的工作，而在这些工作中，你则可以根据市场现状或前景进行选择。

我们要明白，把你调到公司最佳位置，并非要盲目追求工作的“最佳领域”——最喜欢、最擅长与市场最热门的“三合一”，而是要进入“相对优势领域”，因为纯粹的“最佳领域”几乎无法实现。

“相对优势领域”首先要基本满足爱好、能力和市场三要素；在此基础上，你要找到其中具有相对优势的要素。这里的“相对”并非与其他要素相比，而是与其他人相比。

在其他两个要素对等的前提下，如果你更喜欢这份工作，你就更有激情前进；如果你更具备相应能力，你就能发展得更快；如果市场前景更远大，你就能实现更大的自我价值。

在职场这条道路上，我们大概会一条道走到黑。但职场这条道路却并非康庄大道，而是一条独木桥。改革开放四十年来，几乎每条路都有人走过，如何确保自己能够走出更好的明天？

首当其冲的，你当然需要努力，但与此同时，你需要比别人更强。只有如此，你才能比别人更快实现自身价值。满足爱好、能力和市场三要素，且具有相对优势的领域，才是你在公司的最佳位置。

Optimum Position

# 第 2 章
# 职场累吗？累就对了

## 2.1 / 没有谁能在职场躺着挣钱 /

“钱多事少离家近，位高权重责任轻。每天睡到自然醒，薪水领到手抽筋。”这大概是所有职场人的梦想，但这到底只是梦而已。没有谁能在职场躺着挣钱，除非你是“富二代”，而且不介意“富不过三代”。

就业是毕业季的必备话题，在大学的寝室里、聚会上，大概每个人都曾经畅想过自己的未来，梦想着自己将成为最顶尖的“大牛”，但现实往往会给人们一个“大大的耳光”。

刘一星在大学里就被冠上“考神”的称号，因为在大学四年间，他不仅考过了英语四六级、计算机二级等基本证书，而且拥有各种金融相关的从业资格证。按照刘一星的规划，大学毕业之后，他将迅速进入某知名金融公司，并在其间不断学习成长，“三年内进入管理层；十年内成为总监；从此走上人生颠峰”。

在毕业之后，刘一星如愿以偿地进入一家知名金融公司，出入陆家嘴最高的写字楼。但在下班之后，刘一星却需要挤两个小时的地铁，回到自己租下的那间小房间。

与大多数人一样，刘一星在职场里，最初同样做着最枯燥乏味的工作。而每天回家之后，草草地吃完晚餐，就已经将近九点，此时的刘一星只会感到深深的疲累。繁杂的工作让他的精力被消耗殆尽，枯燥的生活让他的激情被磨灭一空，刘一星没有时间去学习成长，而上海的生活成本也让他不得不向现实低头。

最终，在毕业两年之后，刘一星离开了上海，回到了老家，在父母的帮助下，进入当地的一家农村信用社从事柜员工作，拿着三四千的工资过着自己的小日子，享受着所谓的“小确幸”……但有时候，刘一星也会在深夜辗转难眠，脑海里反复播放着那段“累成狗”的时光。

没有谁能在职场躺着挣钱。想要获得非凡的成就，你就必须付出最大的努力，若非如此，就只能以“平淡是福，知足常乐”安慰自己。面对这样“骨感”的社会现实，很多人都会产生这样的疑惑：

疑惑一：何时才能“解放生产力”？

有些人或许也会疑问，在生产力高度发达的今天，一台机器的生产力可以顶得上成百上千人，为何还是不能“解放生产力”呢？为何我们还要如此辛苦地工作？

早在1930年，“现代经济学之父”凯恩斯就在《我们子孙后代的经济可能性》中提出：“每天（工作）3小时就够了。”时至今日，这篇文章仍然备受关注。在1930年后的40年间，每周工作时长由47小时降至39小时；以这样的速度发展下去，2030年将进一步降至25小时。

然而，这一趋势并未延续下去，一个关键原因就在于，在竞争激烈的劳动力市场，如果想要保证工作并升职加薪，想要不断提升自身的生活水平，职场人就不得不保持一定的工作时长。正是因此，在20世纪80年代，美国的大城市中心并非都是宜居区，人们住在郊区，每天通勤时长长达一小时甚至更长；但到如今，越来越多的人搬回市中心的公寓，以避免过长的通勤时间。

谁都想在职场躺着挣钱，但在竞争激烈的现实世界，如果我们想要更好的医疗、教育、居住资源，就不得不让自己站起来。即使生产力发展迅猛，但资源的有限性，使得资源并不足以平均分配，只能按照劳动力价值差额分配。

在这样的客观现实下，躺着挣钱只是一种痴心妄想。我们能收获到多少的报酬，全看我们能够创造多少价值。而价值创造的公式无非就是：能力、时间。也就是说，你能够创造的价值与工时成正比。你的能力，决定了单位时间能够创造出的价值，而你的能力也需要时间去积淀。

疑惑二：为何不能“知足者常乐”？

如今，对于大部分人而言，无论在哪儿工作，保持一份温饱总不是难事。

比如在小区门口开一间杂货店，每天只需坐在店里玩玩手机、看看电视，有客人来了结账即可，每个月不仅能保持温饱，或许还能有些结余。然而，除了温饱之外呢？还有每个月的房贷要还，还有必然面临的子女教育，以及可能面对的医疗问题……如此种种，都需要我们在平时做好足够的积累。

知足者确实常乐，但现实却是，很多人并非不知足，而是基本需求仍然没有得到满足。

近些年来，财务自由的概念十分流行。所谓财务自由，就是即使你不工作，你也无需为金钱而发愁，因为你的被动收入已经足够应付你的日常开支。此时，你就自由了，你完全可以不去工作，每天躺在家里等着收钱，惬意地感叹一下“知足者常乐”。

如何实现财务自由呢？

关键就在于足够的被动收入。被动收入的来源有很多，比如房屋、商铺出租，银行存款的利息，或股息和基金分红等。由此可见，除非是富二代，我们若想实现财务自由，仍然需要努力挣钱，将主动收入变为被动收入。

正如刘一星在逃离上海、回到老家之后，虽然每个月能拿到三四千的工资，足够他的个人开销，但结婚买房、子女教育、大病养老等问题如何解决呢？仅靠这三四千的工资远远不够。他如果想要实现财务自由的状态，仍然需要努力提升自己，在信用社里获得更大的发展，或是下班之后从事其他副业。

没有谁能在职场躺着挣钱，因为社会要发展、公司要发展，个人也要发展，而在社会资源有限的前提下，就必然意味着相互之间的竞争。“解放生产力”是一个美好的未来，但却只是未来的事情。

着眼于当下，我们只能从床上爬起来，忘掉遥远的梦，开始奋斗。不要用“知足者常乐”欺骗自己，也不要用“小确幸”迷惑自己，在实现财务自由之前，累就对了！

## 2.2 / 没有功劳，苦劳就没价值 /

格拉德威尔在《异类》一书中指出：“人们眼中的天才之所以卓越非凡，并非天资超人一等，而是付出了持续不断的努力。一万小时的锤炼是任何人从平凡变成世界级大师的必要条件。”他将此称为“一万小时定律”。丹尼尔·科伊尔也据此写出畅销书《一万小时天才理论》。

很多人都听过“一万小时定律”，但这一理论在职场却并不适用。依据该定律，若以每天工作8小时计算，只需5年的时间，我们就能成为该领域的专家。但现实明显并非如此，太多人工作10年，仍然处于原先的岗位。

是什么阻碍了你的晋升呢？因为单纯的重复并不足以支撑你成为职场“大牛”，在职场，若没有功劳，苦劳就没有任何价值。纵使你重复一万遍、十万遍，你也只是流水线上的一台“优级”机器。

很多人在进入职场之前，大概都曾经幻想过“一年入门，五年专家，十年‘大牛’”的未来。具体而言：

个人才能与工作岗位充分匹配，且每天都能接触到新的信息和挑战，但这些挑战都能通过一定的努力得到解决，从而得到充分的锻炼；在工作当中，既能够得到专家的指点，也拥有较高的自由发挥空间；至于繁琐的事务性工作，则可以快速处理，不会占用多少时间。

但现实却往往会给人们一个“大嘴巴”，让人措手不及。大多数人在职场初期，都在从事繁琐的事务性工作。在市场经济高度发达的今天，无论在哪个行业，工作基本都能够被细分为一连串的细小链条，而绝大多数人都处于某个链条当中，正如工厂流水线上的一台机器一样。

重复的工作，让我们能够轻易积累苦劳，但在职场上，再多的苦劳也不足以支撑你“媳妇熬成婆”，只有“生育子女”的功劳，才能让你在子女成家之后“熬成婆”。当人们在被劝退时控诉着“没有功劳，也有苦劳”时，你一定要明白，在职场，“没有功劳，苦劳就没价值”。为何这么说呢?

首先，员工工资源自公司利润。

员工的工资从哪来？答案很简单——公司。公司如何发放员工工资，当然是从利润当中。如果公司持续亏损，就会欠薪、裁员；如果公司获得快速发展和高额利润，自然愿意给员工涨薪。

其次，公司利润源自员工功劳。

公司如何获取利润呢？关键性要素就是人力资源，公司各项固定资产只有在员工的手中，才能发挥出价值。但如果员工做不出正果，公司的资产就无法发挥价值，利润和发展也无从谈起。

最后，员工工资源自员工功劳。

员工工资源自公司利润，而公司利润则源自员工功劳。也就是说，我们能挣多少钱，完全取决于我们能做出多少功劳。只有当我们的工作能够创造价值时，公司才拥有足够的利润发放员工薪资，甚至是不断涨薪。这也是绝大多数公司“以业绩论英雄”的逻辑所在。

打个比方，在工厂里，有一台机器每天二十四小时连轴转，但生产出的产品全是次品，老板还会让这台机器继续运转吗？大概早已采取强制报废手段了。

没有功劳，苦劳就没价值，甚至是对公司的反向剥削，因为工资成本没有创造相应的价值。那么，在不断重复的繁琐工作中，如何做出功劳呢？如何让“一万小时定律”生效呢？

达芬奇当初从师学艺时，就是从画鸡蛋开始。日复一日，年复一年，在漫长的练习之后，变换着不同角度、不同光线的练习，为达芬奇打下了扎实的基本功。这才有了后来的《蒙娜丽莎》《最后的晚餐》。

第一，重复工作→技能磨砺。

画家需要不断练习最基本的笔法，才能让画面展现出自身的灵感。工作同样如此，重复的繁琐工作，并非机械劳动，而是对技能的练习与磨砺。直到有一天，当处理同样一份工作，你能够耗费更少的时间与精力，做出更精确甚至优质的成果时，你的技能练习就达到了目的。此时，你结余下来的时间与精力，则能用于创造更大的价值，这就是你的功劳。

第二，深度反思→层次提升。

职场的晋升不仅是职位、薪资的晋升，更是层次的提升。机器人效率再高，也只是高效的机器人，无法成为人，这就是层次的局限。即使每天的工作一模一样，你也可以在深度反思中，获得不同的感悟。

你可以先尝试对工作流程进行精简和优化，这样一来，你就会对这份工作拥有更深的理解，明确这份工作的关键要点；在之后的实践中，从不同的角度审视你的优化方案，让自己拥有在工作中平衡和取舍的能力……终有一天，你会发现工作在你眼中变作了另一番模样，此时，你的层次就得以提升，这也是进一步晋升的前提。

第三，引入变量→增加新意。

纵使再高昂的激情，也会被单调乏味的工作消磨殆尽。如果缺乏激情，你自然无法创造价值，拥有功劳。因此，尝试在工作中引入一些变量，为职场生活增添一些新意，从而达到保持激情的目的。

如果工作本身无法轻易改变，不如从办公环境开始改变，比如重新布置下办公桌，或者升级下你的键鼠和耳机……

第四，提高目标→实现超越

工作本身是固定的，但每个人的表现却具有“弹性”，多数人能够做到基准线，有些人的表现则不尽如人意，你的表现呢？当我们抱怨工作单调乏味时，不妨考虑一下，是否是因为上司低估了你的能力，不愿给你更富挑战性的工作呢？

此时，你就要表现出更大的能力，尝试更多的可能性，从而发挥出更大的创造力。比如在公司发展时，尝试提前一步预计下一阶段的任务；在团队沟通时，提前做好准备并积极主动地表达……

在繁杂的工作中，如果你觉得苦劳太苦，不如主动出击，提高你对工作的目标，表现出更大的能力，从而拥有机会实现超越，创造属于你的功劳。

## 2.3 / 别只盯着你现在的岗位，那不是全部 /

职场非得这么累吗？很多职场人都会给出否定的答案，即使他们本身就“累成狗”。那么，他们为何还会否定职场非累不可呢？“因为职场可以晋升，若你能够进入更高的岗位，就不会像现在这么累。”

严格来说，不管晋升到怎样的地步，即使成为公司老板，你也并不会因此而变得更加轻松。在职场内，无论是业内“大牛”，还是中高层管理，他们仍然需要从事许多重复性工作。

很多人羡慕明星，看到他们光鲜亮丽的外表，平时只需参加一些活动、典礼，或者拍几个广告、参加综艺节目，就能获得相当可观的收入。但在这背后，真的没有辛酸与疲累吗？换位思考，如果让你一年365天飞遍全国，今天在上海出席活动，明天到北京签署文件，后天去成都发表演讲，你不觉得累吗？

因此，在职场上，别只盯着你现在的岗位，那不是全部。你需要晋升到高层，不是因为高层就不累，事实上，层次越高的人会更感疲累。我们之所以要努力往上爬，是因为：只有在不断的晋升中，我们才能获取更多的薪资，满足我们的物质需求；也只有在更高的岗位上，我们才能利用更多的资源，实现我们的自我价值。

韩继勇在一家金融公司的风控部门，从事电话审核的工作，其工作内容就是：根据每个贷款客户的资质，致电客户本人或其亲朋，核实相关情况，从而排查客户的风险。由于公司产品的性质，韩继勇每天需要处理的客户量高达50—60个，通话时长平均超过6个小时。也就是说，每天8小时的工作时间，除了少量的查看客户资料时间之外，韩继勇都在打电话。

这明显不符合韩继勇的职业规划，他希望的是培养自己的风控能力，从而在专业技能上得到更大的发展。但每天基本都在打电话的现状，让韩继勇感觉自己就好像一个话务员，专业技能得不到任何的锻炼。

有几次，韩继勇根据自己的风险判断，将客户拒绝或通过处理，但处理方法却与公司的政策要求相悖。对此，主管甚至未曾与韩继勇沟通，询问如此操作的理由，就直接群发邮件，将韩继勇作为负面典型进行展示。

自此以后，韩继勇终于安心担当“话务员”的职责，严格按照公司规定工作，不偷工减料，也不多管闲事。

你很难要求你的主管对每个员工的能力深入了解，并为他们安排具有针对性的任务。为了追求更高的效率，绝大多数公司都会为各个岗位制定一个基准线，员工只需做到基准线即可。如此一来，各个团队之间的协同性才得以在最大程度上呈现，从而推动公司创造更大的效益。

在实际管理中，出于维护这一协同效应的目标，公司甚至会限制员工主动发挥的空间，以免发生合作风险。但无论如何，我们终归有些主动权，把握住这一权力，争取在岗位上创造出更大的价值，让你的同事、主管知道你的能力。

无论你处于怎样的岗位，你都要提高目标，即使岗位没有提升，也要实现超越，最起码要在现岗位上，超越你的主管、同事对你的期望。在职场上，很多人把自己看作单纯的执行者，只需执行主管交代的各种任务即可。

切记，你并非执行者，而是价值创造者。

首先，展现能力要有效。

韩继勇被当作负面典型，真的只是“蒙冤”吗？虽然处理方式与公司政策存在出入，但韩继勇有着完善的操作理由。因此，当他因此被当众批评时，他会觉得“委屈”。

然而，我们确实要在岗位上展现自身的能力，但却需要注重方法。在韩继勇这种处境下，他可以先直接与主管沟通。即使主管当时正忙，他也可以在系统内对情况备注清楚。在后期主管对此产生疑问时，也能够明白他当时的处理逻辑。否则，韩继勇自然会被看作破坏团队规则的典型。

站在管理层的角度，如果每个员工都充分发挥自身的个性，必然会对其管理工作带来极大的挑战。因此，在职场，我们不能只盯着现在的岗位，但想要表现出自身的能力，也要采取合适的方法，让同事、主管有效认识到你的能力。

最简单直接的方法，就是把现岗位工作做到极致，在每次绩效考核中名列前茅。如此一来，你的能力自然会得到展示。除此之外，在日常工作中，无论是你还是别人遇到工作问题，你都要主动参与讨论，即使你不能解决问题，也能从中有所收获。

其次，挫折打击全无效。

职场很累，不仅身体会疲惫，心理也会感到疲乏。因为在职场发展的进程中，我们会遇到各种各样的挫折打击。当你主动向主管提出想法时，主管可能觉得问题很幼稚；当你积极在会议上发言时，同事可能觉得是“刷存在感”。

在职场上，多数人的眼光都只是盯着自己的岗位，当有人想要“脱离群众”时，群众的力量就会把你拉回来或者把你推出去，因为你成为了职场异数。但你要清楚，能够在职场上晋升的人都可看作异数。一个几十人的团队，也只有一个主管而已；一个上千人的公司，也不过一个老板而已。

面对各种挫折打击，我们要从中汲取经验，为下一次提升打下扎实基础。韩继勇受过几次打击之后，就不再表现，甘愿泯然众人。这是因为“冒泡有风险”，闪耀在浪尖的泡沫，如果没有做好充分的准备，很容易被浪潮扑灭。

其实，职场上的挫折打击，又能对你造成怎样的伤害呢？没有谁可以在职场一帆风顺，这些挫折才是我们最宝贵的财富，它们让你能够学会如何跨过前进的阻碍。

别只盯着你现在的岗位，那不是全部，只是你走向下个目标的一个起点。从起点到终点的过程中，挫折打击是必然，如果毫无阻碍，你反而要反思“温水煮青蛙”的危机。

## 2.4 / 你的特长可以嫁接在职场上 /

英国散文家托马斯·卡莱尔说：“世界上最不幸的人要数那些说不清自己究竟想做什么的人。他们在这个世界找不到适合他们干的事，简直无处容身。”

如果你觉得职场很累，在激励自己继续努力之前，先确认一件事：到底是因为工作本身很累，还是因为你不喜欢、不擅长这份工作，让你内心产生抵触情绪，因而觉得累到不行？

为了迎合市场，很多年轻人一门心思扑到所谓的热门职业当中，即使在这个行当被折腾得要死要活，也不愿离开。他们每天给自己打气：“坚持就是胜利！”或是给自己希望：“三月，请对我好一点！”但再苦再累，他们就是无法成功，因为他们根本就没有从事这个行当所需的天赋。

“强扭的瓜不甜”，职场固然很累，但也可以累得很开心、很舒服。你的特长完全可以嫁接到职场上，而无需固执地进入不适合自己的行业，毕竟，“勉强是不会有幸福的”。

我们每个人出生时都带着成为天才的潜力，就如游戏人物的“天赋属性”一般，只是这个属性却是“隐藏属性”，需要我们自己去挖掘。很多人穷其一生都只能在特长一栏填上空白，然而，在日常生活中，关于我们的天赋特长，总会有各种蛛丝马迹可循，关键就在于我们是否能够发现并发挥这份特长，将之嫁接到职场当中。

这里就有一套“职场特长嫁接法”可供大家借鉴：

第一步，发现你的兴趣爱好。

你的兴趣爱好是什么？这个问题似乎很好回答，但真正回答起来，很多人的答案大概只有“玩游戏、看电影、打篮球……”如何真正发掘自己的兴趣爱好呢？

首先，别人的称赞。“当局者迷，旁观者清”，在发掘自己的兴趣爱好时，你可以站在旁观者的角度：你做什么事情受到过赞美？你在哪方面被称赞最多？此时，你无需谦虚，回忆过去将这些事情都写下来，再对此进行分析，找到这些事情里展现出来的特质。

其次，获得的成就。从小到大，是否有什么事情，别人十分努力，但你很简单就能做成，还做得比别人好？是否有什么事情，别人选择放弃，而你却对此充满兴趣、乐此不疲？你的天赋或许不像姚明的身高那么明显，但总有一些事情你能够做得比别人好，即使只是好一点，这一点也能通过不断训练，成为你的核心竞争力。

第三，欣赏的人物。在众多明星、名人中，你最欣赏谁？在你欣赏的人物身上，必然有你自身的影子，或是你想要的样子。比如你欣赏马云，喜欢他懂得创新、敢于拼搏；比如你欣赏周星驰，喜欢他的幽默与童真……需要注意的是，这里的欣赏并非盲目、肤浅的喜欢，比如喜欢某个明星长得帅、身材好，喜欢某个名人有钱任性。

第四，学习的能力。天赋往往会体现在学习能力上，可能很多人努力学习却学不会，你却一点就通，甚至无师自通。比如看剧，很多人追了多少年的美剧、日剧、韩剧，甚至专门学习语言，仍然需要看字幕才能看懂，有的人虽然不是语言专业，却能基本看懂“无字幕版”，这就是语言上的天赋。

第五，朋友的爱好。“物以类聚，人以群分”，借助你的朋友圈，你往往就能明确自己的兴趣爱好。你可以拉开朋友圈，逐一进行分析：他的性格、爱好是什么？他最让你欣赏的优点是什么？你们经常从事的活动或交谈的话题是什么？维持你们关系的核心要素是什么？

第六，假如你可以。此时，如果给你一个阿拉丁神灯，它能满足你所有的愿望，那么，你的愿望是什么？你可以把所有愿望都写下来，无论大小，比如十套房产、十辆法拉利、世界之王、吃遍全球……愿望写得越多越好，因为首先写下来的可能都是一些物质方面的愿望，而当你的基本愿望都写完之后，你就会写到自我实现的部分，也就是你最想做成的事业。

第二步，发掘你的天赋特长。

在一个人的兴趣爱好中，往往会蕴藏着自己的天赋特长。因为我们喜欢一件事，往往是因为我们能够更容易在这件事上获得成就感；与此同时，当我们喜欢一件事时，也更容易在这件事上付出更多的努力，从而培养出特长。但要注意的是，兴趣爱好并不等于天赋特长，比如你喜欢唱歌，但可能你五音不全，唱歌完全不着调……

因此，在发现你的兴趣爱好之后，你还需要从中筛选出你的天赋特长。每个人可能会有很多兴趣爱好，甚至随时会变，但天赋特长却不易改变，在成年之后也难以再培养。相比于发现爱好，发掘特长更加困难，为此，你可以针对每个兴趣爱好问自己四个问题：

问题一：我会坚持喜欢吗？

很多时候，我们之所以喜欢某个事物，只是因为当下觉得好玩，或者周边的朋友都在玩。但扪心自问，对待这个事物，你能够坚持喜欢，并保持持续的热情吗？

问题二：我为什么喜欢？

每个兴趣爱好的美好，都有一个“为什么”。对待每个兴趣爱好，你一定要找到背后的真实原因，将所有原因都列出来。此时，切忌欺骗自己。比如你喜欢看推理小说，到底是因为你自己喜欢，还是你喜欢的那个男孩是推理小说的“死忠”？

问题三：我何时会不喜欢？

这个问题其实是对问题二的补充，其潜在的涵义在于：“在什么情况下，你会放弃、背叛你的爱好？”有一个很经典的问题叫作：“给你多少钱，你会放弃现在的伴侣？”比如有一天，你终于知道你和那个男孩不可能在一起，你还会喜欢推理小说吗？可能你最喜欢的仍是言情小说。

这个问题的答案往往会让你感到吃惊，甚至重新认识自己。当你苦思冥想，仍然找不到理由让你放弃这个爱好时，你就可以进入最后一个问题。

问题四：我需要为此放弃什么？

既然你喜欢某个事、物、人，你当然想要将之做好，但为此你需要付出怎样的代价，需要放弃什么呢？你需要公正、客观、全面地列出所有可能遇到的阻碍，也许写到一半，你就已经决定放弃这个爱好。如果列完所有代价，你都能从容对待，那你就找到了你的目标。

第三步，将特长嫁接到职场。

通过前两步，你筛选出的最终特长应当少于三种，如果超过三种，则需要重新进行深入分析，进行再筛选。基于你的最终特长，如何将之嫁接到职场上呢？

首先，远眺终点。在出发之前，你要先明确这个特长发展到最终的结果是什么，或者以十年为单位设定其长期目标。比如你喜欢写作并且具有较高的写作水平，那在十年、二十年之后，这个特长能发展到何种地步？知名专栏作家，还是小说、散文作家？

其次，优点劣势。要达到你的“终极目标”，你身上具有哪些优点，而且无可替代、独一无二？这就是你在职场上的竞争优势。与此同时，在前进的过程中，你又有哪些劣势？需要注意的是，相比于别人，你的劣势很难转变为优势，因此，对待劣势的态度，应当是避免而非补强，切忌“以卵击石”。如果劣势无法避免，不妨暂时搁置这一特长嫁接计划。

最后，目标拆解。走向“终极目标”是一个漫长的过程，为了避免迷失方向，你可以将这个目标进行拆解，划分为中短期目标，引领自己不断前进。以影视专栏作家这一终极目标为例，你现阶段可以做什么呢？不妨先成为娱乐杂志的采编人员，并尝试着在微博针对热门电影写些影评，如果得到不错的反响，即可以此为基础，在公司内部向上发展，或加入专门的影评机构。

## 2.5 / 你只是看起来很忙 /

这是一个“忙碌崇拜”的时代，每个人都在追求“让自己忙起来”，似乎“忙”可以解决一切问题：失恋了，让自己忙起来，忘掉痛苦；缺钱了，让自己忙起来，放弃休息……但“忙”真的能够解决所有问题吗？

有些人则不是用“忙”来解决问题，而可能是真的忙。很多人都有这样的朋友，我们一年约他十次：八次有事拒绝邀约；一次答应下来又临时有事；终于参加了一次聚会，一顿饭的时间要接十个电话，大家兴奋谈论着饭后活动时，他会把眼睛从手机上挪开，说上一句："我一会还有事，你们玩，我吃完就走，以后再约！"

在职场里，所有成功的人都很忙，但不代表所有忙的人都会成功。很多人在实现目标之前，就先让自己进入成功的状态——"忙"。但忙来忙去，究竟在忙什么呢？把自己弄得这么忙，就能实现目标吗？

事实上，很多人只是看起来很忙，但"忙"却没有为他创造任何的价值。相反，为了维持这种状态，他甚至还要付出不菲的代价，如金钱、时间，甚至健康和情感。

职场很累、生活很忙，我们对此都深有体会；但在忙累的同时也要弄清楚：我们究竟在忙什么？我们的累到底有无价值？切忌让自己只是看起来很忙。

首先，无需恐惧"产能闲置"。

如果你是个工厂主，你大概会希望机器一年365天不停运转；如果你是农场主，你一定会期待土地一年四季都能种植；如果你是职场人，你可能也会觉得，自己要一直忙起来……这是对产能最大化的期待，也是对"产能闲置"的恐惧。

现实给了我们难以承载的生活压力，住房、医疗、教育如三座大山压在每个人的身上，想要应对这样的压力，我们就不得不持续创造出更大的价值。很多人恨不得把一块钱掰成两半来花，也有很多人恨不得一天有48小时用来挣钱。

“忙碌崇拜”之所以信徒众多，正是因为我们希望自己的时间效率能够最大化。从小开始，我们的人生就被比作赛跑；时至今日，我们可能看哪都觉得是一条跑道，看谁都认为是竞争对手。

其实，“忙碌崇拜”并非提高时间效率的方式，只是宣泄人生焦虑和恐惧的渠道。“忙碌崇拜”的关键并不在于忙碌的内容，而在于忙碌的形式。因此，很多人只是看起来很忙，但他们实际上在忙什么呢？谁也不知道。但从结果上来看，多数人都没有忙出来什么。

“产能闲置”似乎很可怕，但在没有订单的情况下，工厂主不会让机器空运转；不在合适的季节里，农场主也不会让地里种满庄稼。作为职场人，如果我们的忙碌无法创造价值，那么不妨闲适下来，与朋友联络下感情，让身心放松，以迎接更有价值的忙碌。

在职场上，我们确实应该让自己的时间效率最大化，拒绝“产能闲置”。但所谓时间效率最大化，并非让自己每时每刻都在忙，而是让自己每分钟创造出来最大的价值，如果你的忙无法创造价值，那就只是对自身“产能”的浪费。

其次，忙碌不为了给谁看。

小时候，我们或许不爱读书，临到期末考试之前，却有很多人开始熬夜看书，仿佛临时抱佛脚，真的能够有用。此时的忙碌有作用吗？或许有点，但之所以这么做，无非为了让父母看到自己有努力过，最好是能得到“佛脚”的垂怜。

这种心态也被带到职场中。在很多写字楼里，即使到晚上九点，也能看到灯火通明的楼层，年轻人们甘愿加班而不回家。但如果聚焦于这些人的办公桌，就会发现，很多人根本只是坐在那里刷着网页、玩着手机，其实根本没有什么事情值得加班。为何加班呢？很多时候是为了给老板看到自己的努力，希望出现业绩压力时，不会被批不努力，说不定还能得到老板的夸奖。

然而，这种忙碌真的有用吗？考试考不好，纵使父母看到你考前熬夜，也不会认可你学习努力；业绩做不好，纵使老板看到你天天加班，也不会认可你具有价值。

我们难道不清楚这一点吗？之所以让自己看起来很忙，其实更多时候是为了给自己看，让自己相信自己努力过，让自己相信只要经过苦行僧般的修行，就能获得福报。但现实却是，如果你长期业绩考核不达标，老板就会将你劝退，即使你一周工作70个小时，老板大概也只会多说一句：“你大概不适合这行，换一行吧。”

但忙碌都是你自己的选择，没有人需要对你的忙碌负责，从来没有人向你许诺过：“只要你每分每秒都忙起来，就能获得回报。”如果忙碌过后没有任何“福报”，你也只能反思是否忙碌得“姿势不对”。

最后，忙碌的关键在方向。

曾经有一位矿场主被称为“矿场魔法师”，很多同行都认为他会魔法，一位他投入的成本只有别人的一半，但效益却达到别人的两倍。

好奇的人们来到这个矿场进行调研，他们惊奇地发现：这里的矿工出奇的多，但他们几乎都沉浸在手头的工作中，几乎没有交流；这里的福利出奇的差，每天工作十二个小时，用餐时间只有一刻钟；这里的矿车甚至没有车轮，每个旷工都用绳子拉动矿车前进，就如河边的纤夫一般。

有个人走上去，问矿工为何不给矿车装个车轮呢？但连续问了几个人，都没有人理睬他，问到第八个人，那个人才有所回应：“别来打扰我，没看我正忙着吗？”

人们很奇怪：“为何这里的矿工这么拼命？”他们又待了三天，这天正好是周日下午——矿场休息日。矿场主将所有矿工聚集在一起，安排演员给他们表演节目，节目的内容就是：“一个矿工因为挖矿又快又多，最终成为矿主。”

这当然只是一个故事，但在现实生活中，很多人却让自己成为这样的矿工。从来不会有人因为把文件打印做得又快又好，成为行政部的主管。这样的量变即使积累得再多，也不会引发质变。

职场发展并不只是让自己忙起来即可，当你日复一日地从事着各种琐碎工作时，你的时间也正在被浪费，你的产能也不具有任何价值。当你忙了一年，却没有任何的收获时，不妨停下这台忙碌的机器，好好想一想，引发质变的道路在哪里？让自己走到螺旋式上升的方向上，跳出忙碌的陷阱。

## 2.6 / 不全力以赴，没人替你拼搏 /

追求安稳是人类的天性，每个人都希望人生没有任何的风险，可以万事如意。但现实当然不会满足人们的期待，毕竟，如果真能万事如意，它也不会成为每个人的内心希望。

生活里或许还能希冀安稳，但在职场中，绝无安稳可言。如果你不全力以赴，没人会替你拼搏。如果你感到安逸，那么，就要警惕“温水煮青蛙”的危机。或许当下觉得很舒服，但过段时间，当你回首再看，可能就会发现，当初的同事早已不在你的身边，已经走到远方，而你，则还在原地休憩。

领英市场运营总监陈婷毕业于常青藤大学，毕业后就供职于微软。2007年，当她回国后，这份工作经历分量相当可观，但在两份offer之中，陈婷却选择了薪资不过另一份offer一半的谷歌。

陈婷之所以做出这样的选择，是因为当时谷歌刚刚进入中国，谷歌能够满足陈婷全力以赴的需求。2008年，Android平台推出，技术出身的陈婷甚至没有看懂Android要做什么，就要承担起其在中国市场推广的重任。该任务的第一环节，就是为Android起个中文名，“安卓”正是在那时诞生，蕴含着“安全卓越”的美好期望。

在谷歌工作六年之后，陈婷毅然选择了离职，离职原因并非谷歌退出中国，或其他挫折，而完全是一个瞬间的决定。当时，陈婷正在制作新一年的工作计划，但在回顾之前的成功案例时，陈婷竟然完全找不到可以突破的地方，此时，陈婷意识到，自己已经在谷歌触碰到“天花板”。

其实，在六年中，陈婷曾经多次想过离职，但每次，激情的团队、新奇的挑战，都打消了她离职的念头。直到这一次，当她考虑离职时，突然发现自己最舍不得的竟然是国际医疗保险和近一个月的年假。于是，陈婷毅然决定离职，离开这锅“温水”。

此后，陈婷加入领英中国，再次承担起将领英带入中国的重任。

职场很累，如果没有功劳，再苦再累，也不一定能够得到对等的回报。没有谁能在职场躺着挣钱，在竞争激烈的职场上，各种风险层出不穷，如果你不全力以赴，没人会替你拼搏，你早晚会被职场所淘汰。

首先，风险无处不在。

每个人都想要稳定的生活，但风险却无处不在，甚至在小区边的公园慢跑，也可能发生意外。更何况，我们生活在一个核武器与地震共存的世界。

无论在生活中，还是工作中，做与不做、拼与不拼，都存在失败的可能。因此，你要正视风险的存在，明白自己作为“风险承担者”的角色。

“失败从来不是选项之一！”这句话说起来确实霸气，但在应对现实时，这却只是一种自负。对待风险，我们应该谨遵毛主席的指示：“战略上藐视敌人，战术上重视敌人。”

然而，多数人在认识到风险无处不在时，为了尽可能地规避风险，会不约而同地采取同一种手段——找份安稳的工作。但颇具讽刺意味的是，在这个不断变化的世界里，这才是最危险的应对方式。

正如陈婷在感觉到安逸的一瞬间，就做出离职的决定一样，如果工作对你最大的意义，就在于安逸与稳定，那不要犹豫，赶快脱离现状。莎拉·爱迪生·艾伦在《桃子守护者》中写道：“如果你感到舒适，那你可能没有在正确地做事。”

其次，收益随之而来。

在投资中，我们都明白："收益越大，风险越大。"而在职场中，我们则要明确："风险越大，收益越大。"

职场最大的风险往往源自跳槽，那么，在这样的巨大风险中，如何获取更高的收益呢？

第一步，我是否该跳槽？

做出跳槽的决定是困难的，但职场跳槽很多时候却是迫不得已。跳槽的风险之大毋庸置疑：在进入新公司之前，你很难对这家公司或部门有深入的认知，更无法确认新公司是否能兑现所有的承诺，尤其是口头承诺。这些都决定了你跳槽之后的收益情况。然而，伴随着巨大的风险，跳槽通常也被看作升职加薪的最快手段，因为相比于内部谈判，在面试"博弈"中，你能够更加主动地发挥出更大的话语权。

我该选择哪个offer？

在选择新东家时，我们一般可以同时获得多个offer，多数人都不会在仅仅收到一份offer时，就迫不及待地签合同。那么，如何选择offer呢？薪资当然是一个重要的考量要素，与此同时，你还要看这份新工作是否具有风险。如果它对你一点儿风险没有，那就可以将之排除，因为无风险意味着没有突破自己的机会。

Netflix总裁里德·哈庭斯说："如果你下一个抉择的风险没

有让你心烦，那它肯定不是一个好的选择。”正是因此，Netflix以在线影片租赁提供商的身份，开始转型制作自制剧。于是，2013年，《纸牌屋》横空出世，Netflix也随之被推上全球瞩目的风口浪尖。

职场有风险，但这并不能成为我们全力以赴的阻碍。如果因为前面的拦路虎过多，就停在原地，不思进取，或许你真的能够一直维持现状，但更大的可能是，你会被职场所淘汰，甚至在30岁的年纪与应届生面试同一个岗位。

在职场上，如果你不知道该如何前进，你不妨将问题简化为：“在某个决定之后，如果最坏的结果发生，你是否能够承受？”如果全力以赴，最坏的情况可能就是时间和精力的损失；如果安于现状，最坏的情况则可能是失业。两相对比，你更能承受哪个？

Optimum Position

# 第 3 章
# 能吃几碗干饭，你说了不算

## 3.1 / 薪资可以谈，但能力得跟上 /

吕心怡已经在上海工作两年，在之前那家公司的工作表现堪称优异，只是吕心怡觉得公司平台较小，所以最终决定换一个更大的平台。提出离职时，老板甚至愿意开出9000元的薪资挽留她，但吕心怡还是决定离开。

在不断的面试中，吕心怡也遇到这家不错的公司，但对方开出的薪资却一直难以满足她的最低要求——8000元。她的朋友都很疑惑，明明之前就能拿6000元，而且老板愿意加薪到9000来挽留，为何现在谈份8000元的薪资这么难?

原来，每次面试聊到薪资问题时，吕心怡都觉得有些羞于谈起，直接回答："钱多少我不是很在意，我看重的是岗位的发展空间，希望找个能够提升自我的平台。"因此，公司在了解到她之前的薪资之后，开出7000多元的薪资。

薪资是职场人维持生活的主要收入来源，而我们的生活需要成本，基本的吃住，稍高级的玩乐，以及自我投资，这些都需要薪资作为支撑。因此，很多职场人在谈论薪资时，觉得“羞于谈起”，只看对方开价。这其实毫无必要。

我们首先要明白，薪资是可以谈的，如果不主动去谈，公司的开价大概会低于你的预期。工作同样是一场经营，我们希望以尽可能少的付出，获得最大限度的收获，这实属正常。当然，收获的内涵不只是薪资，也包括工作氛围、成长环境、学习平台、福利条件等等。然而，如何实现这一点，却在于职场人与公司的博弈结果。

如何在薪资上做好博弈呢？或者说，如何多吃几碗干饭呢？我们就要站在公司的立场去考虑，了解对方的思维，从而做到知己知彼。公司设定薪资时，一般会参考这样四个标准：

标准一：过往薪资。

在最初谈论薪资时，过往薪资是一项硬指标，因为它代表你上家公司对你的评价。若你的上家公司只给你6000元的薪资，你这次能谈到的薪资也不会超过这一数字太多。一般而言，涨幅在50%以内。

如果你在该公司已经工作一段时间，自认为工作表现优异，希望能够获得涨薪。此时，就要看你现阶段的薪资。公司内部的涨薪幅度，一般在20%左右。

标准二：行业标准。

同行业的同一岗位，基本都具有相应的薪资标准。以互联网行业的产品运营为例，工作经验在1—3年的人，其薪资标准一般在6000—13000元。这一范围似乎很大，因为其中还需要考虑很多因素，如工作时间长短、公司规模大小等等。在薪资博弈中，无论如何，你的薪资都不会超过行业标准。

一般而言，公司对于每个岗位人才都有其预算，而这一预算则内涵与行业标准。仍以互联网产品运营为例，如果公司规模较小，对人才工作时间要求较低，那公司的预算可能就在7000—9000元。

标准三：期望薪资。

在面试时，我们都会填写我们的期望薪资；而在与公司谈涨薪时，老板也会询问我们的期望薪资。而只有当期望薪资符合行业标准，并符合个人历史水平时，才会发生作用，否则反而会产生反作用。

很多人认为，能谈到怎样的薪资，全靠自己“吹牛”，甚至认为谈薪资就是一门“吹牛”的艺术，如果吹嘘能力足够，就能谈到尽可能高的薪资。然而，如果你之前的薪资不过6000元，行业标准不过10000元，你却想要谈到12000元，那无疑是痴人说梦。与此同时，也会让公司觉得你不切实际、好高骛远，如果之前对你还有何好感，那也会随之消散。

标准四：个人能力。

亚当·斯密《国富论》中写道："我们每天所需要的食物和饮料，不是出自屠户、酿酒家和面包师的恩惠，而是出于他们自利的打算。我们不说唤起他们利他心的话，而说唤起他们利己心的话。"

个人能力才是薪资谈判的核心要素，只有我们展现出相应的价值，公司才愿意付出更高的薪资。

事实上，纵观前三大标准，其实都是对个人能力的佐证。过往薪资是对你过去工作能力的评价，行业标准是对各等级人才的估价，而期望薪资则是你对自己能力的认知。通过这三大标准，公司能够对你的能力有一个直观的认知。

因此，在职场上，薪资确实可以谈，但如果能力跟不上，一切都是妄谈。

据调查，在时尚零售行业收入排行榜中，陈列师以年收入27万元位居第三。但在很多人眼中，陈列师不过就是把衣服挂在模特身上而已，为何能拿到这么高的薪资？

因为在简单的陈列背后，却需要深厚的功力底蕴。一个合格的陈列师需要具备以下五大能力：品牌形象规划与管理能力、产品规划与视觉陈列营销规划能力、视觉陈列策划与模板应用能力、视觉陈列流程管理能力、以视觉陈列营销管理促使生产力提升的能力。

有的陈列师甚至能够拿到40万元的年薪，而这都需要你的工作能力作为支撑，如果你不能通过简单的陈列推动销售额的提升，那凭什么拿到这么高的薪资呢?

其他岗位同样如此，如果你想谈到更高的薪资，就需要明白你的岗位真正需要哪些工作能力，做出相应的提升，并在与公司的博弈中展露出你的能力。如果没有能力，或没有展现出你的能力，那一切自然免谈。

## 3.2 / 无绝对公平，位置决定了你能拿多少（担责任） /

在金融行业，最“苦逼”的岗位堪称贷后管理，即催收。刘勇就在该岗位工作了一年半的时间，虽然每次催收都能拿到不少的提成，但每天打电话时与逾期客户的沟通，却艰难重重，口头谩骂更是家常便饭。刘勇甚至时不时需要接受主管的“心理辅导”，才能排解心里的压抑。

这些工作压力其实刘勇在从业时就有预料，然而，预料之外的是，工作两年半下来，刘勇与公司同事逐渐熟悉起来，却发现：在今年的薪资普调中，很多本部门的同事涨薪幅度比自己大；而销售、风控部门明明工作没这种累，薪资却比自己高出太多，有的甚至达到自己薪资的两倍。

我们都知道，薪资与能力相关，也与岗位相关。但在同一个岗位上，可能你的工作表现比同事好，工资却没别人高；在不同的岗位上，可能你的工作负担比别人重，工资也没别人高。你因此觉得不公，但其实是你尚未明白薪资的本质。

薪资确实与我们的能力相关，若我们没有足够的能力，且不谈我们的薪资有多少，有没有薪资都是一个问题。然而，薪资的本质却不在于能力，而在于位置。

决定了你能吃几碗干饭的并非能力，而是位置。如果你明白这一点，大概也就清楚为何职场薪资如此不公。

表象：薪资与能力正相关。

我们都能感受到，我们的薪资水平，与我们的工作能力正相关。每次我们面试时，公司考察的都是我们的工作能力，从而为我们定薪。而在公司里，我们也有提高“职称”的机会，通过提升工作能力，达到更高的薪资等级。

在工作中，我们的经历却与这种认知出现了偏差。在工作最初的几年，由于基础较低，我们的工作能力增长堪称飞快，几乎呈指数式增长。但与此同时，我们的薪资虽然也在增长，但其增速与我们的能力增速完全背离，只是一道20° 角的直线而已。

也就是说，假设我们的初始能力为1，初始薪资也为1，一年之后，我们的工作能力变为2，但薪资水平可能只升至1.2。

为何会出现这种偏差呢？在对薪资与能力正相关的认知下，我们会对其进行不切实际的延伸：

第一，工作能力决定薪资。确实，工作能力决定了你能否拿到这份工作，决定了你能否拿到这份薪资，但在涨薪上，工作能力却非唯一的决定因素。我们常说“升职加薪”，如果职位没有提升，薪资提升一般很难；而绝大多数公司限于发展速度，却不能及时提供足够的高级岗位，供优秀员工升职以加薪。

第二，工作表现决定薪资。在这一年，你的工作很努力，业绩很好，与团队相处也很融洽，公司业绩也相当可观。此时，我们自然会产生涨薪的预期。但现实往往是，我们或许会因此得到一笔不错的绩效奖金，作为短期激励，但大幅这样的长期涨薪却比较少见——毕竟，当年表现好，并不代表能够长期如此。

刘勇正是因此产生不公的感觉，他觉得自己的工作能力足够优秀，工作表现足够优异，自己理应获得更好的奖励。但在薪资普调中，有的新人同事涨薪幅度都达到30%，自己却只有区区20%。

前英特尔CEO安迪·格鲁夫说过："每一份工作所包含的最大价值都是有限的，不管一个人在这个职位上待了多久，最后总会达到薪资的上限。"

当我们的薪资达到一定水平时，公司为了确保之后仍然会有较可观的薪资上涨，自然会抑制我们的涨薪幅度。也正是如此，我们会发现，我们的薪资涨幅低于新同事。

那么，为何各个岗位之间的薪资差别会如此大呢？理由就在于薪资的本质。

本质：所处位置决定薪资。

前微软战略合作总监刘润在一篇文章中写道："工资不是用来支付给技能的，不要以为技能越高、工资自然应该越高。工资是用来支付给责任的，责任越大，工资越高。涨工资，是因为承担了更大的责任。"

在一个金融公司：销售负责扩大业绩，业绩是公司不断发展的基石；风控负责控制风险，风险是公司稳定发展的关键；催收负责处理坏账，坏账虽然也会影响到公司财务健康，但与销售、风控相比，却明显处于不同的等级。正是如此，在与他部门的薪资对比中，刘勇才会产生不公平的感觉。

站在公司的角度，为了促进公司的协同发展，会设计出各种各样的组织架构，常见的部门有行政、财务、销售等，常见的岗位则分为专员、专业和管理……每个部门的不同岗位，都对应着不同的责任。而不同的责任则确定了该岗位所需的工作能力，以及与之相应的薪资范围。

因此，如果我们感觉自己的薪资涨幅过低，或是比其他同事更低，那原因可能就是你已经达到岗位薪资的“天花板”。也就是说，处于这个位置的你，最多只能拿到这样的薪资。如果想要更多的薪资，那就得升级你的位置，而位置升级的前提则是工作能力的提升。

当然，很多长期关注人才市场的人会发现，自己公司的工资长期不涨，但有的公司却开出1.5倍甚至2倍的价格招聘同岗位员工。面对这种情况，不要想当然地认为自己的价值被低估。事实上，其他公司之所以开出这样的价格，最大的可能是他们出现了紧急性的岗位空缺，需要迅速补缺。

供求关系的改变，导致薪资上涨，这是一个机会，但你也要看到，既然公司岗位急缺，就意味着，一旦进入该公司，你就需要承担更大的责任。如果你没有相应的能力，即使最终通过面试，你也可能无法安全度过试用期。

能力、位置与薪资三者的关系，应当这样理解：所处的位置决定了薪资，而工作能力决定了所处位置。如果没有相应的工作能力，我们就无法得到某个位置，而随着工作能力的提升，我们的薪资则会涨到该位置的“天花板”；如果我们想要更高的薪资，就需要凭借能力跨过这块“天花板”，进而得到更高的位置，并获得更高的薪资。

## 3.3 / 亮出多少绝招，收获多少回报 /

位置决定了我们的薪资“天花板”，那么，我们是否只能安之若素？答案当然是否定的，即使所处位置不变，我们仍然能够通过自己的努力，收获更多的回报。如果我们的工作表现足够好，公司自然会给予相应的回报，而工作表现就是我们的绝招。

王志祥的基本薪资虽然比同事低了20%，只有4000元，但他这三个月的税后薪资却都有将近6千元。王志祥如何做到的呢？很简单，公司规定的加班工资为基本小时薪资的2倍，以王志祥为例，他的加班工资就是46元每小时。而王志祥每个月的加班时间都超过50小时，即他每个月的加班工资高达2300元。

加班费可能比较极端，但在职场上正是如此，想要收获多少回报，就要看你能够亮出多少绝招。加班是最基础的绝招，很多人不屑为之，很多公司也不会提供如此多的加班机会。

那么，在日常职场，我们能够亮出怎样的绝招呢？

首先，职场收获=能力+绝招+其他。

在解答这个问题之前，我们首先来看绝招为何能够发挥作用。

2012年曾有一条微博引发热议，@艾米粒臧发布微博称：“在北京八里庄派出所遇到新光天地Gucci店长来报警，一个价值两万多的包被偷，最后没有立刑事案件，因为进货价只有几百元。”

虽然古驰(中国)随后发表声明称“内容不属实”，但奢侈品的暴利也并非秘密。那么，为何还有那么多人对Gucci、LV等奢侈品牌趋之若鹜呢?

从经济学来看，一般而言，商品的零售价格=生产成本+流通费用+利润。或许奢侈品的生产成本极低，但其流通费用却很高，这就是造成零售价飙升的原因。

何谓流通费用？也就是让消费者认知并认可该品牌的成本。对于Gucci、LV等奢侈品牌而言，为了打造自己的奢侈品形象，他们付出了极大的成本。而当消费者都认可奢侈品对于精神需求的满足时，他们自然能够接受商品的价格。

言归正传，在人才市场上，人才正如商品一般，而这件商品的价格就是公司付出的薪资和其他福利。此时，我们的工作能力构成了商品的生产成本，而“绝招”则可以看作流通费用，具有大幅提升商品附加值的作用。

其次，绝招=认真+效率+社交。

如果我们的工作能力价值4000元，那么，在相应的岗位上，我们也许能拿到5000元的基本薪资。但如果想要收获更多，我们就要亮出更多的绝招。

绝招一：认真。

在构思自己的绝招时，王志祥选择了最简单的加班。

在工作日，公司的正常下班时间是六点。绝大多数同事都会在下班时处理完五点之前的工作任务——这也是公司规定。至于五点到六点之间的任务，则尽力而为。王志祥则不同，他每天都会把当天所有的工作都做完，这也就造成了频繁的加班。

除此之外，公司并非每个周末都会安排加班，因此，如果有安排，公司都会在周五上午提前通知，让员工可以根据自身情况勾选加班。而每次接到通知时，王志祥都会第一个打开加班表进行勾选。

绝大多数公司都会制定不错的加班福利，如双倍工资，或餐补、交补等。这一政策很好理解，当团队有任务需要加班完成时，有的同事选择回家休息，那么，留下来加班的同事，也理应得到相应的回报。

加班绝招的背后正是认真工作，然而，认真工作也绝非只有加班这一种表现方式。在日常工作中，只要我们认真投入其中，认真完成任务、认真理解工作、认真表达建议，自然能够抓住各种奖励机会。

绝招二：效率。

加班作为最简单的绝招，能够让我们收获一定的回报，但同样存在一个陷阱，那就是效率。频繁地加班，意味着公司要为此付出额外的成本，领导甚至会因此质疑你的工作效率。认真加班并无错，但与此同时，我们也要亮出效率绝招。

在职场中，体现效率的机会有很多，甚至写邮件都是如此。如何让一封邮件既符合邮件礼仪，又能以简练的语言说清楚问题？这看似简单，却暗藏技巧。我们总会看到，有些人写出的邮件明明只有几十个字，却能引起读者的强烈反感。

效率最直观的体现就在于绩效考核。如今，大多数公司都会制定绩效考核方案，并设定相应的绩效奖金。这也为效率绝招提供了用武之地。绩效考核是职场收获回报的最佳方式，而想要得到这一回报，最好亮出你的效率绝招。

每个公司的绩效考核方案都不尽相同，但究其本质其实都在于一点：以最小的成本创造最大的效益。这正是效率的范畴，但想要做到这一点，仅靠效率还远远不够。

如果你对工作缺乏深入的了解，你认为的效率，就很可能被领导看作是“糊弄”。在这种情况下，虽然你能够快速完成任务，但任务的完成质量却很低，往往需要付出更多的时间去修正。与其这样，不如不追求效率。

认真与效率相辅相成。如果只有认真没有效率，就会被质疑工作能力；如果只有效率没有认真，也会被看作糊弄任务。只有当我们认真理解我们的工作时，我们才能找到可提升效率的细节；也只有当我们高效完成手头的任务时，我们才有时间对工作进行深度认真分析。

绝招三：社交。

公司作为人的组织，社交同样是职场生存的重要一环。认真与效率共同构成了你的工作表现，而社交则能够让你的工作表现发挥出更大的价值。很多时候，即使我们工作表现优异，但我们却没有收获到应得的回报，这就是所谓的“光练不说傻把式”。

但在修炼社交绝招时，很多人却可能走火入魔。他们完全忘记了社交的初衷，反而把拓展朋友圈当作目的，在本末倒置中走入歧途。

我们的精力是有限的，既需要工作，也需要提升自我，还需要陪伴朋友，又需要拓展人脉……如何分配有限的精力？社交虽然是收获职场回报的绝招之一，但它只是辅助，而非核心。

即使我们在职场上交再多的“朋友”，对于我们的职场发展也不会有实质性的助益，有时候看似全线飘红，其实只是虚假繁荣。

可能今天你的职场朋友对你说：“以后我混得好了，肯定不会忘记你。”明天你到他公司面试时，他就会告诉人事：“这人我熟，他不行。”

修炼职场社交绝招时，你的目的应当更加明确：

其一，与职场达人做朋友，偷师学艺；

其二，与上司主管做沟通，表现自我；

其三，与团队成员做交流，别边缘化。

## 3.4 / 机会面前，做个扑食的恶狼 /

饭就那么几碗，肉就那么几块，在“僧多肉少”的职场，如果你想要多吃几碗干饭，就必须要做个扑食的恶狼，向着一切机会主动发起进攻。

相比于庞大的就业大军，职场的机会并没有那么多。如果你不在第一时间扑上去，你就只能成为一个“小兵”，你以为只靠熬资历，需要熬多久，才能等到机会送到你面前？放大来说，如果整个公司都等着市场机会送到面前，这个公司能活多久？

梁栋在一家房地产开发公司工作，在一次饭局上，梁栋偶然得知政府有意在市郊规划一个地块用于开发经济适用房。梁栋听到消息之后，并没有什么感觉。因为市场上总会流传这样的消息，其实只是周边地区的炒作手段而已。而且，上司有着更广阔的消息渠道，他们都没吩咐，自己何必自讨苦吃呢？

仅仅三个月之后，这个消息终于流传出来，并得到证实，上司也安排下各项工作。但在与同行的激烈竞争中，公司最终还是没有拿下这块地。

拿下这块地的公司，梁栋也很熟悉，因为在当初的那个饭局上，该公司的项目助理小刘恰好也在场。梁栋并不知道小刘在那次饭局之后，回去是否做过什么。但在拿下这块地后，小刘升职为项目经理，专门负责这块地的开发项目。

如今，再回顾整件事情，梁栋才明白自己失去了怎样一个机会。

想要多吃几碗干饭，就请一定在机会面前，做个扑食的恶狼。

首先，别人在“扑兔”，你却在“守株”。

晋升需要机会，很多人认为自己之所以仍未晋升，只是因为尚未得到幸运女神的眷顾。他们“努力地”守株待兔，但最终却一无所获。他们以为是自己不走运，却不知道，兔子早已被别的恶狼扑食干净，又怎会漏下兔子撞到你这里？

当梁栋得知政府的开发意向时，他在等着上司去发现并确认机会，等着上司去安排工作。而小刘呢？他主动去确认机会，并做好前期准备计划，等到上司确认机会、安排工作时，小刘主动递上一份厚厚的材料，让公司得以在市场竞争中，先人一步；小刘也得以在职场竞争中，快人一步。

没有主动扑食的意识，不懂得提前规划、经营自己的生活和事业，我们就只能跟在别人的后面。聪明的人之所以能够处处先人一步，正是因为他们在遇到事情之前，就已经做好准备，当事件发生时，他们会第一时间主动反应，而非等着别人让其做反应。

其次，别人在“造崽”，你却在“吃草”。

职场确实是“一个萝卜一个坑”，当前面这个“坑”空出来之前，难道我们就只能静静等待吗？

在一片大草原上，如果只剩下极少的几只兔子，难道你就要改变饮食习惯，开始尝试“吃草”？“那能怎么办呢？毕竟好不容易找到兔子也不够吃啊。”为什么你不能逮到两只兔子，让它们吃草，给你造崽吃肉呢？

机会是死的，但人却是活的。在这个部门没有合适的晋升机会，在别的部门有没有呢？在这个公司没有合适的晋升机会，在别的公司有没有呢？当你的能力超过现在的职位时，主动寻找甚至创造适合的机会，而非因为眼前没有机会，就停滞不前。

最后，别人在“进攻”，你却在“龟缩”。

你的前方出现了一窝兔子，而在兔子与你之间，却有一只猛虎。你会如何抉择？勇猛发起进攻，还是龟缩等待，或者干脆去别处找找。毕竟，“一只狼跟一只虎单打独斗，怎么打得过呢”？

为何总是没有机会？为何机会总是握不住？答案的关键其实正在于你自己。不要让自己处于绝对安逸的环境。

柳洋现在的工作就挺好，每个月的工资足够支撑还算宽裕的生活。四年多的工作经历，让他在现在的岗位上堪称绝对的“老资格”。有一天，一个猎头找到他，给他推荐了一份工作：“需要五年工作经验，工作地点不定，可能要经常出差，但是一份管理性质的工作。”

对于工作的薪资和性质，柳洋都很有兴趣。但他觉得经常出差很麻烦，而且自己的工作经验还不足五年，可能难以胜任工作。万一让老板知道自己面试别的工作，反而会影响到现在的工作。因此，考虑一番之后，柳洋就回绝了。

如今，柳洋已经在现岗位上工作快六年，但仍然得不到晋升的机会，他的同事甚至有很多刚毕业的“小鲜肉”。无奈之下，柳洋只得寻求猎头的帮助，但得到的答复却总是：“现在没有合适的机会。”

如果你热衷于“安全感”，不愿为颇有难度的事情，发起主动进攻，也不愿为此承担一点风险。那你就不可能得到幸运女神的眷顾，因为没有老板喜欢“龟缩不前”的员工，他们需要员工推动公司一起“进攻不止”。

职场不存在“安全无忧”，很多时候，你眼中的风险和难度其实都是画地为牢。在自我束缚中，你当然不可能扑到“牢外”的机会。只有不断挑战自己，你才能攻占更高的山头。

## 3.5 / 别让情绪左右了你的实力 /

梁莉虽然才从业一年多，但她的工作能力却毋庸置疑，甚至从业三四年的“老人”，在业绩榜上都排在梁莉之后。但她同样有一个让上司头疼的毛病，那就是容易情绪化。

打开考勤名单，梁莉往往是请假最多的一个，她半年的请假天数高达23天，这就意味着梁莉每周都会请一天假……而在23天的假期中，除了年假和病假之外，绝大多数都是“情绪假”。

在梁莉入职的第三周，她的上司就收到一条让他哭笑不得的请假条：“昨晚跟男友吵架吵了一夜，今天想请一天假，望批准！”上司当时就觉得：“从来没见过如此坦率的女孩……”

最夸张的一次，梁莉早上开始工作不过一个小时，就与一个同事发生争执。等到午休的时候，梁莉来到上司的办公室，说自己控制不了情绪，完全没法投入工作，想请下午的半天假。

对于梁莉这样的性格，上司一开始还因为其业绩能力，采取忍耐的态度，甚至还主动帮她排解情绪。但如此半年之后，上司终于感觉忍无可忍。但这一天上午，梁莉再次来到上司办公室，并递上了离职申请，原因是“分手了，想出去散散心”。

梁莉的例子看起来很罕见，但坦率地说，我们谁没有过被情绪控制的职场经历呢？比如被当众批评、被同事误解、被客户责骂，在当时，我们或许能表现得淡然，但在心内却早已掀起轩然大波。在事件之后，还沉浸在这样的情绪中，完全无心工作，只想静静，直到情绪被排解。

事实上，面对职场宠辱不惊是极高的境界。然而，即使不能做到“不以物喜，不以己悲”，也要避免情绪左右了你的实力。

在职场上，你的价值并不等于你的绝对实力，而是你表现出来的实力，情绪则决定了你能表现出来多少实力。二者之间并非和数关系，而是乘数关系。沉浸在负面情绪必然会削弱你的价值，只有学会控制住情绪，才能让你的实力百分百发挥，甚至超额发挥。

在谈论如何避免情绪失控之前，你先要明白情绪失控背后的原因。不要局限于“我和他吵架了”“他把我惹恼了”这样的表面原因，而要追根究底，明确根本的原因所在。

第一，强烈情绪反应。强烈的情绪反应并不罕见，因为它其实源于人类动物性的本能。在面对职场压力下，我们会下意识地保护自己，并不由自主地释放出消极的情绪或行为。

第二，环境威力法则。情绪具有感染性，而且其感染力很强，我们很容易受到环境里的情绪影响。而且，这种影响的发生，往往就在不知不觉之间，甚至我们还来不及察觉，就已经深受其害。

第三，缺乏情绪管理。虽然强烈的情绪反应，是人类动物性的本能，但不经处理地就表现出这种本能，则是情绪管理的失效。尤其是在职场上，如果情绪的本能反应被你作为应对职场压力的方式，就会显得非常“不职业”。

第四，缺乏自我认知。情绪管理不仅需要管理愤怒情绪，还有自卑、沮丧、焦虑等各种负面情绪。在职场上，负面情绪很多时候并非源自直接的争吵，而是因为他人的否定、批评，感到自身价值被否定。这其实是因为你缺乏完善的自我认知，对自己完成工作的能力不够自信。

在任何服务性质岗位，“打不还手，骂不还口”都是基本要求，尤其是客服人员，有时候客户随意谩骂，客服仍然需要为其提供“微笑服务”。客服如果因此服务态度不佳，甚至还口、还手，则会因为“不职业”受到公司的惩罚，甚至是辞退。

在职场上，绝大多数职场人也不会遇到打骂这样极端的事件，我们当然也无需做到“打不还手，骂不还口”的地步。但面对愤怒、沮丧、焦虑等负面情绪，我们要学会妥善处理，以免自己的实力被情绪左右。

在学会管理自身情绪之前，我们首先要明确，情绪管理并非消除一切负面情绪，因为负面情绪存在于每个正常人体内，而这些情绪有时也有助于我们预判问题、预防危险。

情绪管理其实是一种自我管理，通过管理自己的情绪，调整和自己相处的方式，从而让情绪成为我们成功和快乐的助力。要做到这一点，可以分为三步进行：

第一步，识别情绪困境。

当你陷入负面情绪时，你首先要对此有所认知。看起来似乎很简单，但很多人明明陷入负面情绪，但他们仍然认为：“我现在是有点儿不高兴，但我说的话很客观……”

当你认知到自己的负面情绪时，就要识别自己是否处于情绪困境当中。面对突发性情况，我们的情绪产生应激反应，并非不可理解。但很多时候，负面情绪并非作为应激反应产生，而是情绪困境，也即这种负面情绪会不断重复，你的思维也会趋于僵化。

当你产生负面情绪时，不妨回忆一下，当下的情景是否似曾相识？想要逃离情绪困境，你首先要学会识别。

第二步，客观对待事物。

情绪泥沼往往会吸引你所有的注意力，当你完全关注自己时，自然无法客观地对事物进行评估。因此，尽量客观地对待事物和情绪。

比如当你想到“我的同事有问题，他惹恼我了”时，不妨将其转化为“我认为我的同事有问题，他惹恼我了”。二者有何区别呢？因为“我的同事有问题”并不一定客观，这可能是你处于当下情绪时的一种主观判断。只有当你认识到这一点时，你才能跳出情绪的局限。

你必须努力客观地认知到你的情绪是主观化的产物。客观是一种固定不变的现实，而情绪则只是一种转瞬即逝的信息流。只有做到尽量客观，才能跳出自身局限，真正反省自己，从而在情绪中放松下来。

事实上，越来越多的情绪表面，这种客观化活动，不仅有助于提高工作效率和幸福感，也能够改善大脑机能，并促进细胞健康。

第三步，接纳自我情绪。

负面情绪往往让你感到难受，但情绪管理并非让你对负面情绪说“不”，而是要尝试接纳自己的情绪。接纳并非对情绪放任不管，而是以更开放的态度，体会情绪的流动。

比如当你在工作中感到暴躁时，不妨进行10次深呼吸。此时，你当然不会立刻平缓心情，但却能稍微缓解情绪压力，从而客观分析自己目前的处境并需求解决之道：

我刚刚很暴躁，为什么？

是因为我情绪失控，还是别人做错什么，或是其他什么问题？

我没问题；别人没问题；原来是因为工作中有一个关键问题没有解决。

我发火能解决问题吗？

不能。

那我该怎么做？

采取行动，寻求配合，优先解决问题。

负面情绪会影响你的实力发挥，如果你无法接受你的负面情绪，往往会在此后还会因此产生负面情绪。比如你的暴躁让你无法解决问题，而事后，你可能又因为自己被情绪左右，而陷入沮丧，甚至自我怀疑。

接纳你的情绪，并非自我放任或陷入消沉，而是正确识别情绪产生的原因，并迅速从情绪中走出来，直面核心问题，从而让情绪成为我们成功的助力。

## 3.6　/ 善于在团队中收获红利 /

2016年6月26日，梅西正式宣布离开阿根廷国家队。三年三进决赛，但结果却从未改变，阿根廷三度蝉联亚军。梅西的俱乐部生涯无疑获得了非凡的成功，但在国家队比赛上却总是成为输家。年年错失冠军的背后，存在着不同的“背锅侠”，但在梅西失落的眼泪中，球迷们却已经不忍再责怪谁，耳畔似乎一直回荡着《阿根廷别为我哭泣》……

梅西为何始终无法带领国家队夺冠？这始终是各大媒体热衷于分析的问题，“更衣室问题”“不具领袖气质”“明星球员配置不当”“教练指挥失当”……总而言之，都可以归咎于团队的问题。

人生的精彩，需要你的全力以赴，但也离不开一个个团队的支持。在你的学习生涯，家庭和学校构成了你学习的团队；当你组建家庭后，配偶与孩子构成了你生活的团队；而在职场上，公司、部门和同事则构成了你工作的团队。

对于你的人生而言，团队是重要支持力量，你自然要学会如何在团队中收获红利。但在如今，越来越多的人开始信奉“一个人一支团队”，认为自己一个人就能做出成绩，何必再浪费时间与同事虚与委蛇、求同存异。

Sebastian在北京的一家外贸公司工作，当这家公司准备拓展华南地区的业务时，他也凭借多年的工作经验获得片区经理的职务。在过去的工作经历中，Sebastian总结出的最重要一点经验就是：团队就是个累赘，与其在费尽心思求同存异、整合团队之后开始工作，远不如单打独斗效率更高。

因此，虽然组建了一个团队，但Sebastian却只将他们看作打杂的下手。华南大区片区经理职务，让Sebastian感到如鱼得水，因为他有更大的自由发挥空间，与此同时，广东人的身份也让他拥有更大的优势。在任职的第一年，Sebastian就通过熟练运用“感情牌”“画大饼”等手段，积累了一批客户。

但也是在一年后，Sebastian发现一个问题：虽然客户积累很快，但有一类客户，却让他束手无策，那就是理性派客户。这类客户对于“感情”“大饼”的敏感度极低，他们更看重实际的利益与风险，而Sebastian推广的业务，恰恰具有较高的风险。因此，即使很多客户对其业务感兴趣，Sebastian也尽力将风险描述到最低，仍然无法取得客户的信任。

尝试过各种方法之后，为了突破业务上的局限，无奈之下，本着“死马当活马医”的心态，Sebastian终于寻求团队的帮助。但令人意外的是，团队对于这难得的重要任务，竟然郑重其事地开会进行讨论，并最终给出了三种应对方案。

结合自身的经验，Sebastian选取了其中一种，并进行了改善。次年，Sebastian终于攻克了“理性派难题”，其业务也由此迅速扩张。

相比于几个人结伴而行，一个人确实能够走得更快，然而，如果你想要走得更远，却离不开团队的支持。只有在相互扶持中，你才能借助团队的力量，多吃几碗干饭。

那么，我们应该如何在团队中收获红利呢?

首先，虚心请教，取长补短。

每个职场人都有自身的优势与缺陷，想要提高职场竞争力，就需要尽可能地发挥出自身的优势。毕竟，你很难通过弥补缺陷，将缺陷打造为自己的长处。然而，如果你对缺陷放任不管，它也最终会成为你前进的桎梏。

虚心不仅是一种优秀的品质，也是一种受人欢迎的特质。然而，在职场上，虚心却是一种难得的品质，因为每个人都想要展现自己的能力，在“好为人师”的本性下，我们很难虚心请教别人。

然而，若你不这么做，你或许能够不断提高自己的长处，但却很难真正弥补自己的短板。虚心确实是一种示弱，而这也是你接近优秀人士的最佳踏板，借助这块踏板，你能够从他们那里汲取到巨大的红利。

“我遇到了一个问题，不知道你能否帮我？”当你说出这句话时，将很好地满足对方的虚荣感，进而获得对方的好感。但要注意的是，虚心请教之前，先检查下你的问题，不要让它显得愚蠢。因为愚蠢的问题即使得到对方的耐心回答，你也会因此被看作“愚蠢的人”。当你不知道你的问题是否愚蠢时，你可以这样说：“这个问题可能有些愚蠢，但说实在的，我确实弄不太明白……”

虚心请教，不仅是一种取长补短的方式，也是与优秀人士建立联系的技巧。可能问题本身并没有那么困扰你，但你却可以借此向优秀人士“搭讪”，并由此建立良好关系。需要注意的是，无论你是否已对问题有答案，在对方解答的时候，你要认真聆听并表示接受，切忌讨论，你可以在下一次的交谈中再讨论，从而增进相互关系。

其次，善于识人，寻找团队。

想要从团队中收获红利的前提，是你处于一个合适的团队当中。如果你是团队里最优秀的人，你自然没有机会虚心请教，取长补短；如果你的团队始终做不出成果，作为团队的一分子，你也难以收获红利。

那么，怎样的团队才算合适呢？切记，是“合适”，而非“优秀”，只有适合你的才是最好的。

第一，能做出成果。这点是最重要的衡量标准，只有一个能做出成果的团队，才能让你获得荣誉感、归属感，并从中获得物质利益、个人能力的成长。团队的形成，无非是利益共同体的结合。如果一群人聚在一起却无法创造价值，“树倒猢狲散”也将成为必然的结局，你也不可能从中获得收益。

第二，领导有担当。领导对于团队的重要性无需赘言，领导的风格各种各样，有完美型，也有理性派，更有理想派……各种风格其实都有好有坏，你很难遇到一个完美无缺的领导，但你要尽量找到“对味”的那个。只是有一点，无论何种风格的领导，都一定要有担当，职场最怕的就是“背黑锅你去，送死你去，取经我来”的领导。

第三，能创造价值。奥斯特洛夫斯基说过：“谁若与集体脱离，谁的命运就要悲哀。”我们想要从团队中收获红利，首先就需要能够为团队创造价值。如果你无法为团队这艘船的前进全力以赴，它又怎会为你保驾护航呢？对你合适的团队，也不会容下无法创造价值的你，这就是职场的现实。

Optimum Position

# 第 4 章
# 何不多做点，当个企业“网红”

## 4.1 / 别让工资决定付出，让付出决定工资 /

任何老板都想要找到这样的人，一个能主动承担起责任和自愿帮助别人的人，即使没有任何人告诉他要对某件事负责或帮助别人。

——莫什·梅罗拉

在职场上，“事不关己、高高挂起”的心态普遍存在，职场人普遍只关注本职工作，对额外的工作却毫无热情。如果没有上司的“指令”，他们从不会主动承担起额外的责任，或帮助别人。对此，他们都有一个合适的理由：“做那么多，又不多给我工资。”

陈显明就是如此，虽然名叫“显明”，他却总是有意“藏拙”。在日常工作中，同事们都觉得他对待工作的态度很随意，几乎未曾加过班，但每次绩效考核出来，他几乎都名列前茅；每次会议上，他从不主动发言，即使被点名也只是随意说下，但在会后的闲聊中，他却总是能说出不错的创意。

一位同事就问他：“你能力这么强，为什么不多表现一点？有那么多创意，为什么不说出来呢？”他的回答是：“我做好自己的本职工作，对得起我的工资就好；至于决策嘛，反正有那么多领导，还有那么多喜欢‘冒泡’的呢！”

“我们都是公司的一分子，公司的每一项成就，都由我们共同创造！”这句话在职场很常见，但真正如此认为的人却很少。多数人在职场上的付出多少，都由工资来决定，他们严格遵循“一分钱一分货”的原则，不愿多做一分，但如果能少做一分，他们也不介意。

其实，正是这种想法限制了这类人的发展。因为他们的付出由工资决定，自然不会有出彩的表现，即使能力再强，看起来也会显得平庸，因而也不会得到领导的重视，事业就难以得到突破。

陈显明最终还是改掉了自己“藏拙”的习惯，之所以如此，正是因为在公司工作一年之后，出现了两个晋升的机会，但被晋升的却是平时最爱“冒泡”的两个人。事实上，这两人的工作能力与陈显明相比，确实有一定的差距，但他们愿意主动承担更多的机会，也热衷于帮助他人。这就是他们晋升的理由。

因此，当陈显明离职跳槽到另一家公司之后，他一改前态，开始主动“冒泡”。凭借出色的工作能力，半年之后，他终于把握住了一次晋升的机会。

在职场，领导总是显得与团队若即若离，因为他们有着其他的事情要忙，但对于团队成员，他们其实仍能做到“心里有数”，无论是他们的工作能力，还是工作态度。而相比于能力卓越却不主动贡献的员工，领导更喜欢能力较差，但态度积极的员工。

因此，永远别让工资决定你的付出，相反，你的工资永远由你的付出所决定。只有当你的付出不断超出你的工资时，老板才会给你这样的企业“网红”升职加薪。如何成为企业“网红”呢?

首先，主动承担额外工作。

如果你能通过面试进入该公司，就说明你的能力足以应对该岗位的工作。但在工作当中，总会出现各种额外的工作，此时，你能否主动承担下来呢?譬如新人的指导工作，譬如突发的紧急任务，这些工作确实是额外的负担，但也是难得的机会。

当有一天快下班时，领导突然在群里发出一条消息：“某紧急任务需要提前处理完成，今晚需要五个人留下来加班，谁有空吗？”此时，你是主动报名，还是装“鸵鸟”？若无人报名，当领导点名到你时，你是“认命”，还是找理由拒绝?

主动报名是好印象，装“鸵鸟”是无印象；点名到你是认可你的能力，而你的拒绝则会产生坏印象。

当团队出现额外的工作时，你一定要主动承担下来；当团队遇到突发的问题时，你也要尽量找到解决办法。这不仅是为了在领导面前“刷存在感”，最关键的是，这是你锻炼能力、增长见识、积累经验的机会。

既然你的能力足以应对分内工作，那么，如果你想要实现自我成长，就只有借助额外工作的机会。

其次，大胆谏言，创造影响力。

职场工作永远离不开各种各样的会议，周会、月会、年会；小组会、团队会、员工大会……但不可否认的是，这些会议大多都无法与“气氛活跃”相关联，职场会议大多是会议主持人的“一言堂”，与会人员则好像课堂里的小学生——“安静听讲”。

这实际与开会的初衷相去甚远，如果只是一个人在会上说话，不如直接群发邮件效率更快。之所以采取开会的形式，就是为了在员工的相互交流中，提升工作氛围，并集思广益。

面对开不完的会，职场人想要避免“气氛沉闷”，就赶快抛掉“浪费时间”的想法，大胆地表达你心中的想法，参与到其中。当主持人问“有什么问题/想法/建议/意见”时，不要再默不作声，举手表达你的想法。

会议是表现自己的最佳场合。在这里大胆谏言能够吸引大量的关注，但要注意的是，职场不是娱乐圈，想要在职场创造影响力，只靠“曝光率”远远不够。你需要提出有价值的问题、建议，如此一来，同事、领导才能认识到你的能力，而能力才是成为企业“网红”的基石。否则，你的大胆发言就真的只是“冒泡”，毫无价值。

最后，乐于助人，提升联结力。

相比于社会大环境，职场关系往往更加复杂，因为你与同事之间，无法摆脱联系，而你们之间的关系，却是竞争与合作并存。想要把握好其中的尺度，并非易事。

任何人想要在职场创造成就，都需要团队的支持，若没有公司的资源、同事的合作，你的付出没有任何价值。因此，与其把所有同事看作竞争者，秉持“事不关己，高高挂起”的态度，不如在能帮的时候，主动给予帮助，从而提升自己的联结力。

如此一来，基于同事和团队的认可，你的付出才能在恰当的时机，转变为职位、工资的提升。

## 4.2 / 分内事多做点又不会怀孕 /

人们总是把工作划分为“分内事”与“分外事”，划分标准就在于岗位职责。当面对“分外事”时，我们可以理直气壮地说句“这不是我的工作”，从而进行推脱，虽然这很可能使我们失去晋升的机会，但也无可指摘。然而，面对“分内事”，很多人仍然采取能少做就少做的态度。

销售人员需要强大的销售技能，但这并非其工作的全部，因为销售往往也要承担与客户签订合同的职责。此时，解答客户关于合同条款的询问，也成为销售必不可少的工作。

这当然是“分内事”，但同样是“分内事”，却有很多解决方法。方云全每次遇到客户关于合同条款的询问邮件，都直接把邮件转发给公司的法务部同事，当得到答复之后，再直接转发给客户。“如此一来，客户就能更快地得到更专业的答复。”方云全在指导新同事时，对自己这样的做法深感自豪。

但后来新来一个小姑娘却不同，她一开始也会询问法务部同事，但每次都会追问一句“为什么”，逐渐地，小姑娘询问的问题越发专业。

有一次，她甚至整理了一张表格发给法务部，内容是容易引起客户疑问的几大条款，以及相应的解释方案，询问法务部同事，这些解释是否存在漏洞。除此之外，在每个条款之后，她备注了许多附加问题，诸如“该条款的坚持原因？”“哪些异议可以接受？”希望法务部能够给予解答。出乎她意料的是，法务部同事竟然真的回复了一封长长的邮件，对每个问题进行了详细的解答。

后来，销售部也有同事问她：“为什么这么麻烦？专心做好自己的分内事就好啦。”

她的回答是：“这就是我的分内事啊，每次客户询问都要转发法务部，不是很麻烦嘛，效率又低。不如自己学会了，直接回复客户就好，客户满意度高，也有助于我们做销售嘛……”

“多做有用的事”，很多人都是听着这句话长大。他们在学生时代，要读“有用”的书；在大学阶段，要选“有用”的专业；在毕业之后，要做“有用”的职业；在职场之中，又要做“有用”的工作……然而，到底什么是“有用”呢？

销售人员去学习法务知识，是否“不务正业”？这位小姑娘做的是“无用功”吗？当然不是，因为在她的“不务正业”中，她得以迅速超过很多老员工，包括方云全，成为新的销售主管。

在职场，你可以只做“分内事”，不做“分外事”，但如果连“分内事”都做不好，你又怎么可能有晋升的机会？怎样才算把“分内事”做好？

首先，做好基本工作。

如果销售人员找不到客户、生产人员达不到优良率、风控人员逾期率爆表，那其他自然不必再说。职场人首先要做好自己的基本工作，这是最基本的要求。事实上，如果基本工作能够做到极致，你同样能够在职场上获得不错的发展。

如方云全这样的销售人员并不罕见，大多数销售都认为自己的工作最重要，因为公司效益由销售直接创造，因此，公司其他部门都应该成为销售的“后勤”部门，如行政、人事、法务、风控等等，均是如此。

在实际工作中，如果方云全真的能够创造巨大的效益，为公司带来大量的客户，他同样会升职加薪，成为销售团队长。但再往上一步，想要成为销售主管甚至总监，却绝无可能，因为他对于“分内事”的理解局限于“找客户”，那么，他或许能够与团队内部成员团结合作，但团队间协作却存在缺陷。

其次，延伸“分内”内涵。

在职场上，做好基本工作，能够让你更进一步，但想要真正成为“大牛”，只做好基本工作却远远不够。

就如上学时一样，你能够把三元三次方程解得又快又准，数学能力就已经达标；但如果你语文不好，连题目都看不懂，你的数学也不可能得到满分。

我们必须把“分内事”的内涵加以延伸，销售人员不仅需要找客户，还需要做宣传，也需要签合同……如果想要做到极致，你就要学会如何在前期更好地宣传你的产品，还需要在后期让客户真正签下合同。前者是找到客户的前提，后者是确认客户的关键，你的“分内事”远不止找客户而已。

因此，切忌局限了“分内事”的内涵，以免自己的职场生涯因此局限。做好基本工作，是立足于该岗位的必要条件。然而，要让基本工作拥有价值，仍需要各种辅助工作，或许这些工作有其他部门负责，但如果你一点儿不懂，你也只是个“装在套子里的人”而已。

最后，无“分外”，均“分内”。

在不断延伸“分内事”的内涵之后，你就会发现，在职场上，根本就没有“分内事”“分外事”的区别。我们的“分内事”都只有一件，那就是公司的持续发展。

以银行的信贷客户经理为例，他们不仅要找到潜在客户，收集相关材料，对客户资质进行初步的判断；在银行审批部门确认授信之后，他们要引导客户签订合同；之后，还需要定期回访，如果客户出现逾期，甚至要承担催收工作。

有些贷款公司的业务员则不同，他们找到了大量的客户，但只有少数客户能够获得授信。此时，他们会向上级抱怨，甚至向风控部门施压：“为什么我们找到这么多客户，都被你们拒绝了？”但他们不会反思：“我是否具有对客户资质的评判能力？如果我发现客户资质不够之后，就放弃这个客户，是否能够省下更多的精力，去寻找优质客户？”

如果把“分内事”定义为“推动公司持续发展”，你就不会对其他部门的“不支持”表现出疑惑。因为大家都在做“分内事”，只是具体职务有所差别而已，“助人即助己”，毕竟，多做点儿分内事又不会怀孕。

## 4.3 / 把学习当作习惯 /

“活到老，学到老。”我们总是在说，却很少有人真的在做。当我们离开校园之后，还有多少人真正在学习呢？我们每天都有大把的时间耗费在地铁、公交上，此时，戴着耳机、拿着手机的你，在听什么，又在看什么呢？

把学习当作习惯，这很难，但其实也很简单。

很多人自小就排斥学习，因为学习并非出于自身的兴趣，更多是被强迫去学习。因此，终于逃离校园之后，人们赶紧抛下手中的书本，将大把的时间花费在小说、剧集和微博上。

职场上，为什么有的人总是能够轻易让同事折服，让老板看重？很多时候并非因为他们工作能力有多强，而是因为他们能够把学习当作习惯。

在日常闲聊中，他们总是能说出几段极具见解的话语；在公司群里，他们总是会分享几则相当深度的信息。此时，有的人或许会疑惑："他们平时都在看什么？为什么有这么深的知识积累？"答案就在于不间断地学习。

如果你自身不想学习，那说再多可能也毫无益处。但如果你有学习的主观意愿，那么，为何你不能把学习当作习惯呢？看看你找的借口有多不堪一击。

借口一："没时间"。

"我想学习，但我真的没时间啊……"你想学英语、想练书法、想学专业，但却总是找不到时间……在很多人身上，这其实是一个不折不扣的借口。

最典型的就是每天的通勤时间，你可能每天有两三个小时都在地铁上度过。这样的时间能否利用起来呢？地铁很挤，无法看书，甚至不能看手机？那么，带上耳机，听一段英语口语。很多人甚至习惯于听有声小说，那么，能否把文件替换为有声书本呢？听到不解的地方，心里记下来，下车后再标记出来，待有时间时，再详细阅读。

华罗庚说过：“成功的人无一不是利用时间的能手。”欧阳修甚至坦言：“我平生所做的文章，多是在‘三上’，即马背上、枕头上、厕座上。”

确实，很多上班族很忙，他们早起就去上班，下班可能还要加班，到家很可能已经九点多，带着疲惫的身体，你连澡都不想洗，只想躺下休息。对他们而言，“没时间”并非纯粹的借口，但这并不代表他们挤不出时间了。

即使你真的没有时间去学习新的内容，你也可以利用“暗时间”去思考。何谓“暗时间”？其实就是思维的时间。比如你走路、洗漱、做饭的时间，在这些时间，你的双手、双眼可能都被束缚，但你的思维却没有被束缚。

此时，与其漫无边际地乱想，或发呆，你不如充分利用这些时间，对近期学习或经历的事情进行思考，从而巩固知识，深度理解。这就是所谓的“暗时间”。

很多人认为：“时间对每个人是均等的，每天都是24小时。”但事实真的如此吗？如果一个人在走路、吃饭、洗漱时，时刻都在大脑里思考要学的东西，那他的时间就不止24小时。

以洗澡为例，由于每个人洗澡频率和时长都不一样，我们以每两天洗一次澡，每次洗15分钟计算的话，当你发着呆、做着梦时，善于思考的人就比你多了45个小时的“暗时间”。你要知道，据统计，人们每年能够用于学习的时间也不过54天而已，即差不多每周一天，而仅依靠利用洗澡的“暗时间”，别人就比你多出2天多的时间。

借口二：“难坚持”。

“一个习惯的养成只需要21天。”这一说法流传甚广，但很多人在实践后会发现：“这根本是骗人的。”仅用21天的时间，很难养成一个习惯，事实上，即使你努力坚持半年，也可能因为某个原因而放弃。

一个好习惯的养成，其实是与自己惰性的长期竞争，几乎是一场跑不完的马拉松。“每周看一本书”，说起来容易，但想要坚持真的很难。

刘成就曾经坚持过，在那年的“双十一”，他买下了一大箱的书籍，涉及经济、管理、职场等各个方面。在之后的一年时间里，他每周都能读一本书，但因为后来的过年、跳槽等各种事情，他的看书习惯不得已中止，而在忙完一堆事情之后，这一习惯也彻底终止。

学习习惯之所以“难坚持”，很多时候并非它本身很难，而是因为我们未曾学会取舍。我们的生活中会发生各种各样的事情，我们有太多的事情要处理，也有太多的想法想实现。

在同一时间段内，你可能既想要学会职场生存，又想要学习魔方，还想学习健身……但你的闲暇时间只有那么多，要如何从中取舍呢？如果你把自己的行程表安排得满满的，希望能够同时进行所有学习计划……相信我，最后一定会以失败告终。任何一件事都不会做好，甚至会让你直接放弃所有的学习计划。

借口三：“学不会”。

是什么让你放弃了学习的习惯？没时间，坚持不下来，还是学不会？很多人最终放弃学习，正是因为觉得自己“学不会”，认为自己在浪费时间。事实上，多数人的智商并没有明显的差别，而所谓的“学不会”，其实是因为学习方法有误。

如果你能找到学习的时间，能坚持养成学习的习惯，那么，就要学会学习的方法，以免自己真的浪费时间。如何去学习呢？有三个通用法则：

第一，选择适合自己的时点。

虽然“一日之计在于晨”是多数人的共识，但每个人的习惯却不尽相同。有的人早上学习效率很高，有的人晚上却精神百倍。你无需要求自己与别人一样，而要在适合自己的时点学习。

如果你每天晚上下班之后真的很累，那就将学习计划安排在周末。否则，你耗费了大量的时间和精力，却不一定能够获得理想的学习效果。

第二，尽量安排完整的时段。

碎片时间需要得到利用，但在学习新知识时，一段完整的时间能够发挥更大的效用。比如晚上九点到十点，或周末下午两点到五点，在这样的时间段内，关掉手机、集中精神，避免一切可能的干扰，让自己沉浸在学习当中。

在地铁、公交这样的碎片时间里，你可以对学习的内容进行预习或复习；在走路、吃饭时的“暗时间”里，你可以对整个学习脉络进行重新整理。如此一来，在学习时间内，你就能做到有的放矢，进一步提高学习效率。

第三，尽早完成当日的TODO。

当你把学习当作习惯时，一个任务清单是必需的。如果缺乏每日的任务安排，你可能就会一直拖拉，致使学习计划走向失败。比如在学习英语时，你可能会利用“扇贝单词”做“打卡任务”，便于每天的学习和复习。

面对你的任务清单，你最好尽早完成。如果早上就能做完当日的“打卡任务”，就不要拖到晚上。因为每天都可能发生各种各样的计划外事件，比如加班，比如聚会。越早完成TODO，你完成的概率就越大；越晚开始TODO，就可能出现更多的阻碍。

## 4.4 / 不起眼的小事正是你比别人欠缺的 /

每个办公室里几乎都同时存在两个人：一个人每天都踩点上班，早来五分钟都很罕见；还有一个人，无论你来得多早，他都已经坐在办公桌前。这两种人有什么区别呢？很多人可能都没有思考过这个问题，认为这不过是“无关痛痒的小事”。

但事实上呢？

李婕就遇到了这样的两个人。

A有一次告诉她：“我每天早上7:57之前必须起床。”李婕很惊奇：“为什么时间竟然可以精确到‘7’分？”A告诉她：“因为经过不断地实验，如此一来，刚好可以在8:59到达公司，来得及打卡。”

但后来李婕也遇到过几次A迟到的情况，原因很多，诸如“早上起来肚子痛得不行，室友竟然占着厕所。”“都快出小区了，突然发现手机没带。”“一路全是红灯。”李婕在听过之后，就能够“脑补”到李婕每天早上上班如过关斩将般惊心动魄。李婕心想：“难怪A到达办公室时总是气喘吁吁的，上次更是放下包就冲到洗手间。”

B就是那个永远第一个到达办公室的人，同事们甚至笑称："自己想要第一个到，大概只有等到B请假的时候了。"后来，李婕才了解到：B住的比较远，但每天早上六点就起床，起床之后会煮个早餐，再叫老婆起床，吃完早餐之后一起出门。每天到公司之后，B就给自己倒上一杯咖啡，看看新闻、查查邮件，有时候甚至给盆栽浇浇水。

考勤几乎是职场上最不起眼的小事，毕竟，"只要不迟到就好"。但正是这样不起眼的小事，往往就会拉开两个人的差距。以考勤为例，我们完全可以展开来分析：

第一，一日之计在于晨。

无论在中国，还是国外，一日之计在于晨得到广泛认同。2014年，华盛顿大学甚至对此进行过调查研究，最终结果表明：上班更早的人，更容易赢得老板的认可。即使是在那些实行弹性工作制的公司，同样如此。

为何老板认可上班更早的人呢？

以李婕的办公室为例，A每天"过关斩将"才能踩点到达办公室，九点开始上班，但上个厕所、倒杯咖啡、吃个早餐之后，A真正开始工作可能已经九点半。慌慌张张地开始工作，也必然导致他早上的工作效率更低。而B则截然相反，早早地来到办公室，他可以完全调整好自身的状态，查看下邮件，也可以对当天的工作有个大概的认知。

第二，小事不影响贴标签。

事实上，相比于B，A并非不勤奋、不热爱工作，他在下班后加班一两个小时，绩效考核成绩比B还高不少；而B则每天到点就下班，几乎不加班。但在之后的一次晋升中，老板却仍然选择了B。李婕对此也不无感叹：“做得久、做得好，不如来得早。”

为何会发生这样的反差？

因为虽然只是上班多早这件小事，却很容易被贴上各种延伸性的标签。

踩点上班这件小事，容易让我们贴上的标签有：“懒惰（因为无法按时起床）”“不自律（因为做不好时间管理）”“不认真”“不上进”“得过且过”……

上班更早这件小事，则会让人被贴上这些标签：勤奋、自律、认真、上进……

古人云：“成大事者，应不拘小节。”古人又云：“一屋不扫，何以扫天下。”那么，在职场，我们该听哪位古人的？

在这之前，你首先应当分清：何谓“小节”？何谓“一屋”？

首先，不在“小节”上瞎操心。

生活就是一个接一个的选择，我们每天都要做成千上万的选择，包括今天穿什么、午餐是什么、工作方案怎么做……面对如此多的选择，精力有限的我们，很难保证每件事都做出正确的选择。

奥巴马说：“你看我只穿灰色或蓝色的西装，因为我想减少需要做的选择。”扎克伯格甚至每天都只穿灰色的T恤。你当然不用做得如此极端，但我们仍然要尽可能简化你的决定和生活，将更多的精力放在更重要的事情上。

如果一个人每天穿着不同的衣服，每天下午变着花样点下午茶，每个周末都有各种社交活动，你很难相信这个人还有更多的精力用于提升自己的工作能力。

如穿着、饮食等等，它们虽是生活大事，但在工作时，你只需保证穿着得体、饮食健康即可，不必每天早起后用半个小时决定穿什么，午休前半小时就开始考虑午餐的选择。

比如在你面见一个重要的投资人之前，你要做的是检查你的项目报告是否完善、具有说服力，而非指甲里有没有污垢、鼻毛有没有冒出来……

当你将精力放在“小节”上时，别人却把精力用于“成大事”。这就是你们的差距，日积月累之下，这种差距也必将越拉越大。请不要在“小节”上瞎操心。

其次，打扫“屋子”好做大事。

东汉陈蕃年少时独居在外，屋子里乱得像“狗窝”，他父亲的朋友薛勤看到后，就劝他整理下屋子。陈蕃却说自己有豪云壮志，不用做这些鸡毛蒜皮的小事。薛勤就教育他：“一屋不扫，何以扫天下。”陈蕃一听，心想“有道理啊”，最终官至太傅。

这当然只是个故事，屋子打扫得再好，也不能让人做到太傅的地步，最多成为保洁公司老板。就像在职场，如果有人跟你说：“你连茶都泡不好，你还能做什么财务主管？”你肯定翻他几百个白眼。

那么，我们要打扫的“屋子”是什么呢？就是优先级更高的事情。

生活中有无数的事情要做，但每件事都有优先级的排序。按照四象限分类法，最重要最紧急的事情，优先级最高。我们每天的工作有很多，想要把工作做好，就要处理好每件优先级更高的事情，而非在那些不紧急也不重要的事情上耗费太多事情。

很多不起眼的小事，在你看来或许不重要，但可能是因为你没有发现它背后的内涵和延伸，因此，未能注意到重要性所在。就如前文所说的考勤问题一般。A同事认为这只是不起眼的小事，但事实上，踩点上班这件小事背后，却能折射出太多的事情，也会被解读更多。

与此同时，你还要明白：生活更多关乎你个人的感受，你可以按照自己的感受，对事件优先级排序；但工作则不同，你需要照顾到老板、同事的感受，对事件优先级进行重新评估。比如你遇到一个老板是“颜控”，那你可能得确保自己每天容光焕发，你的每份报告都做得好看。

## 4.5 / 做好计划总没错 /

很多人都相信：这世界唯一不变的就是，一切都在变化，计划总是赶不上变化。因此，计划也随之被抛弃。因此，他们在面对挫折时，总是表现得仓皇无措；在面对机会时，也不知如何是好。

“你的工作怎样？”

“还好吧，就那样啦……”

这样的对话总是发生在我们的生活中，我们大多都有一份“还可以”的工作，但当问及“以后有什么打算”时，多数人的回答也是简单的“先干着吧，看后面有什么机会”……

于是，在朝九晚五的工作中，我们的时间周而复始地度过，而“后面的机会”却一直未曾出现。但与此同时，仍然有一批人过着截然不同的生活，他们奋斗、他们晋升、他们跳槽……在三十出头的年纪，他们就能够站在管理层，影响着公司的发展方向。

为何会有这样的差别？

因为那些没有计划的人，不仅是对眼前的苟且，也是对长远的凑合。他们只能随波逐流，若波流将其推送至“人生巅峰”，自然是最好不过，但现实却是，大多数人的波流却总是波澜不惊。此时，我们只能自己制定计划去“推波助澜”。

在职场上，做好计划总不会有错，纵使现实与你的计划相去甚远，也不会对你造成太大伤害，不过是重新制定计划而已。但如果没有计划，你就只能苟且，只有在计划的道路上奋力前行，你才能走向想要的未来，或是遇到意外的良机。

不可否认，计划很难执行，但这并非我们放弃计划的借口。其实，多数时候，阻拦计划执行的并非现实，而是我们自己。那么，我们要如何打倒阻拦自己的“拦路虎”呢？

首先，有“三分钟”也好。

计划制定出来，就必然需要执行。然而，大多数人的经验却会告诉他们：“你不过是‘三分钟热度’而已，后面这份计划书就成废纸啦。既然这样，还要做什么计划呢？”他们就这样被自己说服，真的不再制定计划。

有一个职业撰稿人，他也有着所有作家的通病——拖稿。几乎每次deadline之前的那几天，他都要通宵达旦地赶稿，有时也不得不向编辑求情，希望宽限几天。

事实上，在他从事这份工作的最初，他在接到任务之后，都会做好计划，每天完成多少任务量，但却总会有各种意外发生，譬如约会、饭局、生病、没灵感等等。于是，他也干脆放弃了再做计划。

但如今，在编辑的忍无可忍下，他不得不痛改前非。他找到一款“TODO”APP，坚持每天按照计划完成当天的任务。然而，他仍然会因为“不可抗原因”选择“暂缓”任务，几次之后，再次回归原状。

出乎意料的是，这次他竟然赶在deadline之前完成任务，因为虽然只有“三分钟热度”，但正是这“三分钟”，有效调整了他的工作进度，从而避免了在最后赶稿、拖稿的情况。

对于大多数人而言，计划很难坚持执行，尤其是一个较为长期的计划。但无论如何，不要因此放弃计划。纵使真的只有“三分钟热度”，但在这“三分钟”之内，你也确实在切实执行计划，这就是一种进步。如此一来，通过将长期计划分割为多个极短期的计划，你就可以将之看作“三分钟”的累积，从而推动自己进步。

其次，不试试怎么知道?

在制定计划时，我们必然会设定各种各样的条件门槛，譬如“现在开始执行第一阶段计划；当我月收入一万或升至主管层级时，开展第二阶段计划；之后，当……”于是，很多人就这样一直停留在第一阶段，再无前进。

职场进步确实存在各种各样的门槛，就如面试条件一般，要求“本科学历”“三到五年工作经验”“英语听说能力”……很多人的计划当中也充满这样的门槛，最终自己被自己拦在“第二阶段”之前。

然而，不试试怎么知道呢?

美国曾经风靡过一个名为“咖啡挑战”的活动：随便走进一家咖啡店，随意点一杯咖啡，询问收银员是否可以打九折；如果收银员反问“为什么”，就回答“随便问问”。

令人惊讶的是，挑战结束进行统计时，大多数人收银员都会答应这个请求。

在计划中同样如此，当你感觉自己在某一阶段已经积累足够时，就勇敢向下一阶段的计划发起冲锋吧！在推进工作计划时，很多时候，是我们自己束缚住自己。比如“我觉得我可以进入第二阶段啦，但那需要三年工作经验，我才只有两年呢？”这又有什么关系呢？不试试你怎么知道不行呢?

在职场，除非如医学、法学这样的强专业性工作，其他工作其实都具有极大的可协商性，只要你能证明自己的能力。就如面试条件中的“本科学历”，即使你只有专科学历，但你有五年同行工作经验，也不会有人事经理因此将你拒之门外。

最后，计划不是“死”的。

这世界唯一不变的就是：一切都在变化。但计划一定就赶不上变化吗？现实在变，计划也不是“死”的，我们同样可以根据现实改变自己的计划。

如果你计划在现岗位勤勤恳恳工作三年，再寻求晋升的机会，但在两年后，有猎头以双倍薪资的高级岗位挖你，你大概也会考虑，大概也会接受。

如果你计划学习西班牙语之后，进入一家翻译公司做翻译工作，当你学成之后，一家主要与西班牙对接的外贸公司邀请你加入，你的计划也可以变更。

即使我们制定了一份涵盖十大阶段的完整计划，也可能在执行第一阶段的第一年，就遇到特别好的机会。此时，你完全可以根据情况，在对该机会详细认知之后，对计划进行重新审视。如果一切没有问题，推翻原计划也没有任何可惜。

在机会出现之前，从来不会有预兆。若没有准备，你永远把握不住机会，只有在做好计划之后，在遇见机会时，你才有能力把握住机会，有远见决定是否放弃机会。天上没有掉馅饼的时候，只有在做好计划并不断执行之后，才能根据现实继续调整完善，从而妥善解决未来的各种挫折。

## 4.6 / 帮同事一把，自己知道就好了 /

麦肯锡工作法则中的重要一条就是：“你不可能将整个海洋煮沸。”

职场绝非“孤胆英雄”的舞台，合作永远是其间最重要的主题。任何一个人，都不可能将整个海洋煮沸，只有在所有人的团结协作、互帮互助中，我们才能克服工作中的困难，以最快的速度走向成功。

正是因此，加州红杉的例子才被广泛流传：

在世界上所有的植物当中，加州红杉当属最高大雄伟的植物，它们的平均高度高达90米左右，即30层楼那么高。一般而言，如此高大的植物，应当有更深的根系。但事实却相反，加州红杉的根系并不深，为何它们仍能屹立不倒呢?

原因就在于，加州红杉都以团体的形式生长，一根根红杉的根系紧密连结在一起，形成大片的红杉林。面对这样团结的加州红杉，纵使是最凶猛的飓风，也难以撼动。

合作的力量是巨大的，而企业就是这样的经济型组织。虽然相互之间会争夺水和阳光，但只有紧密结合在一起，才能够应对风险，持续发展。令人尴尬的是，乐于助人的心当然是好的，然而，“好心办坏事”却常常发生在职场。

“助人为‘网红’之本”，但想要获得同事、团队的认可，就需要助人的方法：

首先，助人之前，做好自己。

职场生存离不开互帮互助，但在帮助别人之前，你首先要做好自己的事情。如今，公司大多都如流水线一般，只有各部门之间紧密合作，才能完成一个完整的项目，任何环节出现问题，都将直接影响到这个整体。

因此，在帮助他人之前，你要先做好自己的手头工作。以免为了帮别人复习，导致自己挂科……如果发生这种事情，你不仅不会得到赞扬，甚至会被认为是“逃避责任”。

其次，助人之前，征求同意。

当你喝完杯子里的水，离开办公桌去拿速溶咖啡时，回来却发现，杯子里满满的一杯开水，你同桌的同事对着你和善一笑，说了一声：“不用谢。”你除了说句“谢谢”，还能说什么呢……

在职场上，帮助别人之前，切记要征求对方同意。这一点非常重要。

如倒水这件小事，当然不值一提，最多只是你内心有一点儿尴尬。但事情如果再放大一些呢？如果当你正在努力攻克一道难题，想要提升自己时，别人却直接给你了一份答案。此时，你不仅不会觉得感激，反而会产生反感。

助人为快乐之本，但切忌将自己的快乐建立在别人的痛苦之上。如果你希望自己的主动帮助能够获得效果，最好先征求对方的同意——“你需要帮助吗？”

第三，助人之时，审视态度。

“以愉快的态度做事情，就如甘霖降在沙漠。”多数人都有“好为人师”的习惯，此时，当你夸夸其谈的时候，也不要流露出高高在上的态度。即使你在帮助他人，你们的平等关系也并非因此改变。

对于绝大多数人而言，他们宁愿自己慢慢解决难题，也不愿意看别人的脸色。因此，在帮助同事时，一定要时刻审视自己的态度，不要流露出傲慢、不耐烦的情绪。

第四，助人之时，以他为主。

每个人都有自己处理事情的习惯，有可能别人的步骤是“一二三四”，而你的步骤却是“三一二四”。处理自己的事务时，你尽可以按照自己的习惯去做。但当你帮助同事时，最好按照对方的方式来处理。

多问一句“你希望我怎么做”，少说一句“我觉得你该怎么做”。

第五，助人之后，切莫宣扬。

如果你遇到一个问题难以解决，想要寻求帮助，体验下如下两种情况：

1.你询问A，A告诉你：“上次B遇到这个问题时，也是我帮她解决的呢。你问我，真是问对人了，让我来告诉你……”

2.你询问B，B告诉你：“上次我遇到这个问题时，还是A指导我解决的呢。如果你觉得我哪里说得不详细，你可以再问问A，他很乐于助人的。”

你有什么感觉呢？你大概再也不想寻求A的帮助。因为你寻求帮助这件事，随时可能被他宣传给别人听。

帮助同事是一件好事，但这件好事你自己知道就好了。如果被帮助的人，愿意在别人面前赞扬你的“乐于助人”，那当然最好不过；如果没有，你也不要主动宣传。

因为这会让你的听众觉得你喜欢吹嘘自己，并尽量避免自己成为你吹嘘的谈资；而之前的被你帮助的人也可能因此感到尴尬，原本对你的好感也将荡然无存。

第六，助人之后，一切如常。

帮助同事，其实就是帮助自己。因为你们就是一片红杉林的关系，如果你们不能紧密连结在一起，被飓风刮倒的也将不只是他一个。因此，力所能及的前提下帮同事一把，理所应当。

“我帮助了他，他欠我一个人情。”“我上次那么帮她，她这次竟然不帮我”……快抛掉这样的想法吧！助人即助己，如果别人未曾回报你的帮助，你自己知道就好。

Optimum Position

# 第 5 章
# 幸运的人总会沟通，迷茫的人总是无措

## 5.1 / 你为自己挖的坑源于不会沟通 /

虽然你每天大部分的工作时间都在与电脑互动，但说到底，职场同样是一个社交场合。不会沟通的人，他们永远不会成为职场的“幸运儿”，反而会因为自己说的话给自己挖坑。

经过多年的工作，你大概已经明白：“职场上说的每一句话，都一定会传出去。”不要抱有任何的侥幸，如果你总是在职场满嘴跑火车，你就是在拿自己的职业生涯开玩笑。相比于不沟通，不会沟通对你的伤害更大。

或许直到如今，你仍未发现：“到底是什么导致你的职场生涯危机重重。”那么，不妨看一下，你是否曾经为自己挖过这些坑：

第一，八卦。八卦之心人人都有，我们总是想要知道更多隐秘的信息，或是与别人一起谈论不在场的某人。如果你每天都有几次八卦别人的谈话，那么，不要怀疑，在你不知道的时候，你也一定会成为被八卦的主角。甚至八卦这个话题的人，就是刚才与你交谈的那个人。

第二，评判。有些人总是忍不住指点、评判别人。如果有人对你说一句“你怎么这么坑”，或是“你之前没怎么做过这个吧”，你大概也没有心情再与他多说几句。

第三，消极。我们很难时刻保持积极的心态，在职场工作，消极在所难免。但对于消极心态，我们自己消化就好，不要传染给同事。当老板在员工大会上给全体员工“打鸡血”时，在别人亢奋不已时，你说上一句：“这就是画大饼嘛。怎么可能做得到。真无聊……”

第四，抱怨。与消极一样，抱怨同样是一种极具传染力的负能量。职场上的任何抱怨，都只可能追溯至一个原因，那就是你对事件的无能为力。此时，你向别人抱怨，对方只能够感受到一股怨气；你若抱怨别人，那就很可能引发一场职场“战争”。

第五，借口。“人生不如意事十之八九”，你永远不可能把所有工作做到完美，你也不可能不犯任何错误。当你把事情搞砸了，你看到原因在哪了吗？是你自己准备不充分，还是“天气不好”“机器故障”？

第六，粉饰。我们总是想要自己在别人看来更加完美，因此，粉饰也成为我们常用的“沟通技巧”，如避重就轻、夸大其词等等。然而，粉饰，即刻意掩盖缺陷或美化事物，这种行为与欺骗之间，只有一线之差。

第七，独断。在某件事物上，如果别人和你的看法不一致时，你会如何去做？相互交流探讨，求同存异；还是不断阐释，直到对方表示认可？

说话是绝大多数人与生俱来的能力，但用语言准确表达出想法，并不引起对方的反感，却是大多数人都欠缺的能力。你的想法，经过你的口腔加工之后，在别人听来，可能早已没有最初的模样，甚至南辕北辙。

职场离不开沟通：晋升需要与主管沟通，计划需要与下属沟通，项目需要与客户沟通……如果你连职场的日常闲聊都做不好，就只会陷入迷茫与无措——“为何我工作认真、交流广泛，就是得不到机会？难度真的是我运气不好？”

毛一倩就是如此，她最自豪的就是自己朋友很多，总是可以跟别人聊得很开心。最近，她却十分苦恼：她正在寻求新的工作机会，然而，虽然简历十分漂亮，拥有很多面试机会，但最终都无疾而终。

毛一倩对此很费解，甚至很多她原本看不上的公司，她在尝试之后，也未曾获得offer。在屡战屡败之后，两个月后，毛一倩勉强进入一家新公司——这也是她手头唯一的offer。

没有人告诉毛一倩，为何她的跳槽之路如此艰难。其实答案很简单，她与朋友相处很愉快，她很幽默，但职场却是一个严肃而正式的场合，在面试时表现太多的幽默，只会让她显得浮躁、不职业。

在职场上，想要避免这种“无妄之灾”，你就要遵循职场沟通的基本技巧：

技巧一：准备两套沟通系统。

你是否为自己始终如一而自豪，自豪于自己从不“两面三刀”？事实上，这并不值得自豪，这反而是在为你自己挖坑。面对不同的沟通对象，你要使用不同的沟通系统。举例而言，有如下三个饭局：1.全是相知十年以上的老友；2.有熟人，也有陌生人；3.入职第一天的团建聚餐。

对待这三种场合，你会使用同一套沟通系统吗？在第一个饭局上，我们可以肆无忌惮；在第二个饭局上，我们则要略微收敛，并主动与陌生人搭讪；在第三个饭局上，少说话、多吃饭。

对于“熟人”，我们尽可以无所顾忌、为所欲为。但对待“生人”时，我们则要小心试探，明确对方的性格，拿捏好其中的尺度。

如果二者处于同一场合，你则要收敛起对“熟人”的肆无忌惮，以免让朋友丢脸；并主动向陌生人搭讪，缓解尴尬的同时，调动席间的气氛。

技巧二：不做闭环回答。

午餐时间，一个不太熟的同事坐在你的对面，这时，他主动搭话："昨晚看球了吗？"而你却是一个对任何球赛都一无所知的人，你会如何回答？

1. "不好意思，我从来不看球……"话题结束，这个同事在"哦"一声之后，大概就会突然发现今天的午餐特别好吃，专心吃饭不再说什么。

2. "最近有点忙，都没怎么关注这些。你能说说吗？"……"这样啊，后来怎样了？"……如此一来，你们就能度过一段欢快的午餐时光，并建立起不错的联系。

在沟通时，即使对方提起的话题，你一窍不通，也不要做闭环回答。当同事碰巧遇到一起时，比如中午在餐厅、下午在茶水间时，你们总需要聊几句来打发尴尬的场面。

此时，不要聊八卦，不要聊绯闻，随便找些新闻作为"浅谈资"。即使你完全不懂对方提起的话题，你只需表现出你的兴趣就好。事实上，当你向一个不懂却感兴趣的人，讲起你最擅长的事情，这种体验将十分美妙。

技巧三：不会幽默，不如沉默。

人们都喜欢幽默的人，但幽默其实是一种天赋，若没有这种幽默，强行运用某个笑话或段子，反而会引起尴尬，甚至会导致对方的反感。

如果你确实不会幽默，不如沉默。如果你想要锻炼自己的幽默能力，不如先选取一个你觉得幽默的对象，记下他运用的段子或梗，在其他场合上，适当地运用一下，如果反响热烈，你可以继续联系，否则，就当尝试一下，你也不会有太大损失。

技巧四：别怕冷场，以免填坑变挖坑。

当一群都不很熟的同事坐在一起，却没有人说话，或是一段话题聊完陷入冷场，你是否觉得自己有义务要去填补这个冷场，让气氛再次活跃起来？但结果往往却事与愿违，你越想炒热气氛，气氛反而越是尴尬。

如果在某个冷场中，你自认没有炒热气氛的能力，那就拿起杯子假装喝水，总会有人开口说话，尝试结束冷场，你不妨扮演一个配合者的角色。帮助别人填坑，总好过自己填坑变挖坑。

## 5.2 / 没有领导能抗拒你的高效沟通 /

宋银秋是公司里不多的烟民之一，他每天都要光顾好几次吸烟室。但这段时间以来，宋银秋去吸烟室的频率却明显变低了。

倒不是因为他在戒烟，而是为了避开他的主管。

吸烟室本是职场烟民沟通的一个绝佳场所，宋银秋每次也能和同事相谈甚欢，甚至认识了几个其他部门的“烟友”。但每次遇到主管时，他都会很尴尬，因为他完全找不到话题去聊，好不容易挑起个话头，主管也是爱理不理的样子。

有时候，还有其他同事在场的时候，他们也能与主管聊上几句。因此，宋银秋觉得自己大概是被主管讨厌了。尤其是前段时间，宋银秋还因为一次工作问题，被主管喊到办公室批评了一通。

因此，现在每次宋银秋抽烟时，都避着主管。即使自己想去抽烟，看到主管正在吸烟室或去吸烟室的路上，他都会回到办公桌上再等一会，等到主管离开后再去。

与领导高效沟通，这是一个“亘古不变”的职场话题。每个人都想与领导保持较为亲密的关系，并通过高效的沟通，解决各种职场问题。但现实却是，大多数人在见到领导时，要么浮于表面，要么卑躬屈膝，要么敬而远之……

想要与领导保持高效沟通，真的那么难吗？答案是肯定的。

因为要让领导认可你，你首先就要做到不卑不亢。唯唯诺诺、恃才傲物，过于亲密或疏远，都是与领导相处的忌讳。任何过分的表现都会被当作“减分项”，尤其是当你尚未摸透领导的脾气之前。

在领导与下属的沟通关系中，下属天然处于较为弱势的地位。即使你在团队中的作用十分重要，绩效考核月月第一，也并不代表你能够与领导正面抗衡。因此，如何在保持个性的同时，赢得领导的认可，就成为职场沟通的关键。否则你就可能像宋银秋那样，即使与主管相处几分钟，也会觉得迷茫无措。

那么，在如下的工作场景中，我们该如何与领导高效沟通呢?

场景一：正常的工作沟通。

我们与领导的沟通，最多的就是正常的工作沟通，即领导发布任务，我们执行任务。但这并不代表我们只需做个应声虫，在日常工作中，我们如何做好工作沟通呢?

首先，聆听领导要求。当领导发布任务时，这个任务背景如何、要求怎样、时限多长，都是我们需要聆听的关键内容，只有对这些内容有全面的了解，才能避免接下来的工作出现问题。

其次，探讨可行性。聆听完领导的要求之后，你就需要发表你的意见，因为这个任务可能非常棘手，或者其中的某点内容你还很懵懂，这些你都需要第一时间弄清楚。具体沟通方式可以这样设计："这个项目我基本清楚了，但其中有点内容我还不是很清楚，您能再说一遍吗？"或者是"这个项目基本没有问题，但这点要求，我觉得比较棘手，可能时间上紧了一点。您看，我是否能在这个项目上获得更多的帮助呢？"

第三，拟定工作计划。当可行性问题得到解决，我们就可以根据领导的要求，开始拟定工作计划。工作计划的底线是完全按照领导要求，但如果可能的话，我们最好把计划做得更漂亮一点，比如缩短完成时间、提高完成效果，从而让领导认可你的能力。但要注意的是，这一点的前提必须是能力足够，否则就是“打肿脸充胖子”。

第四，及时汇报进程。即使领导让你做项目的完全负责人，你也要及时向领导汇报工作进程，让他看到你的工作都在按照计划执行。在工作过程中，如果有较为重要的沟通邮件，也不要忘记抄送领导，以免你做的决定与领导要求相背离。适当的时候，你也不要吝啬于“甩锅”，你完全可以将邮件转发给领导，写明你的意见和建议，并让领导定夺。

最后，工作完成汇报。当所有工作完成之后，你需要向领导汇报你的工作成果，并请示下一步的工作。如果工作较为简单，你可以采用口头+邮件的汇报方法。但工作若比较复杂，你最好为此专门写一份工作汇报书。

场景二：挨骂。

混迹于职场的我们，难免会遇到挨领导骂的情景。或许是因为我们工作出错，或许是替别人背锅，只是因为领导心情不好……无论原因如何，我们都要掌握挨骂的要领，以免挨骂了，还惹领导反感。

首先，表现出自己的气量。在挨骂时，一定要在内心做好情绪疏导工作。面上表现出聆听教诲的真诚表情，心里则要管理好自己的情绪。切忌与领导顶嘴，也不要表现出不在乎的样子。

其次，低头不语，偶尔点头。很多人从学生时代就明白一个道理：挨骂最好的对策就是不说话，对方骂累了也就停了。在职场上，你同样可以采取这样的对策。尤其是在领导不讲理时，或是你在“背锅”时，先让领导把他的情绪发泄干净，再向领导道歉或解释。

第三，解释之前先道歉。很多时候，我们挨骂完全是“被冤枉的”，内心有无限的委屈。但在向领导解释之前，你也要先道歉，说声“对不起”，让领导停下来。然后再开始解释，此时，要注意解释内容客观，态度平和。

最后，职场没有“隔夜仇”。我们每天都要面对自己的领导，因此，即使挨骂，也不要把情绪积压在心里。在第二天早上，继续以最好的精神向领导打招呼。如宋银秋这般把情绪压在心里，直接对领导敬而远之、不再沟通，其实是最愚蠢的处理方式。因为领导根本不会注意到他的情绪，而他却要耗费大量的精力在这样的情绪上。

场景三：获得赏识。

在职场上，不挨骂只是最低的要求，我们想要避免陷入沟通难题，就要主动出击，获得领导的赏识。事实上，如果领导赏识你，他会主动与你进行良好的沟通，以维持团队关系，激励你在团队中发挥更大的作用。

如何获得赏识？

第一，了解领导。“知己知彼，百战不殆。”想要获得领导的赏识，你首先要了解领导赏识怎样的人。这并不意味着你要“拍马屁”，而是要在了解对方之后，采取合适的沟通方式。比如对待理智型领导，就尽量用事实说话；对待情绪化领导，则要避开对方的情绪周期。

第二，展现能力。即使你能与领导建立再好的私人关系，如果你没有足够的能力，这种关系也没有任何作用。在职场上，一定要谨记时刻展现自己的能力。尤其是当遇到问题时，不仅要提出问题，也要提出你的解决方案，甚至真正解决问题。

第三，主动担责。在职场上，有些工作是领导不愿或不便承担的，你要认识到这种时机，主动承担起相应的职责。这会让你得到领导的感激，也会在今后的工作中，获得领导的支持。

## 5.3 / 属下做不好，可能是你沟通有问题 /

当你在与领导的高效沟通中，终于成长为领导的一分子时，面对你的属下，你又是否清楚该如何沟通?

“什么？我对着领导小心翼翼地伺候着，对属下还要顾忌什么？”对于这个问题，李永乾的反应如上。在某公司从事了三年专员工作之后，在跳槽的过程中，李永乾有幸得到一个主管的岗位。但offer中也写明：“该岗位为主管（实习岗），实习期3个月，到期进行考核，是否转正以考核结果为准。”

无论如何，走马上任时，李永乾体验到一种前所未有的感受，尤其是当他听到那一声声“李经理”“李主管”时。但刚工作一周，李永乾就感受到了压力，因为在他的团队里，有两三位工作长达四五年的老员工。

这次的主管缺位，之所以选择让李永乾“空降”，其实也是一种无奈。因为一位老员工刚刚怀孕，即将放长假；另一位老员工则准备离职，出去创业。否则，获得这个职位的应该就是他们。

虽然有压力，但这并不妨碍“李主管”的工作热情。只用了半个月的时间，李永乾就完全搞清了岗位的职责。在李永乾看来，这个主管的工作很简单，所有流程都已经很成熟，属下基本都能做好，他只要统领下全局即可。

一切有条不紊地进行着……直到两个月后，业务部在与老板沟通后，需要对订单的某个数据进行更改，并于当晚通知了李永乾。在第二天的晨会上，李永乾通报了新的工作计划。

但过了一周后，业务部的主管却找上门来，质问李永乾：“这批产品为何还是按照老订单生产的。”李永乾一看就知道糟了，立马喊来负责该订单的小张，谁知他只是简单地回了一句：“我是按照之前收到的邮件生产的，至于数据被更改的事，我没有收到相关邮件。”

李永乾虽然悔之不及，也只能接受实习期考核不过的结局。

在与属下的沟通中，领导往往占据强势地位。属下工作出现问题，劈头盖脸就是一顿骂，似乎责任都在员工身上，这几乎成为职场的常态。但很多领导却不明白，属下之所以做不好，可能是你忽视了与属下的有效沟通。

首先，思路清晰且明确。

在向属下交代任务时，你会怎么做？直接交代任务，还是说明前因后果以及任务的重要性？领导也是从属下的角色转变过来，应当明白，员工与管理者的思维方式存在明显的差别，因为限于职责，二者看待工作的角度也有所不同。

李永乾认为自己在晨会上通报过更新的数据，员工应当知悉并执行。然而，在小张的角度上，他可能认为晨会通报只是枯燥的日常例会，刚从被窝来到公司的他，甚至还在打盹。在之后的工作中，小张自然按照之前收到的邮件执行。

如果时光能够倒回到那一天，李永乾在会后专门给员工发封邮件，自然可以避免之后的问题。即使没有为此发邮件，李永乾如果在晨会上，重点提到这点更新变动，并提醒负责该订单的员工，结局或许也会不同。

而在这件事的背后，其实也体现出李永乾与属下的沟通失效。否则，在后期生产过程中，李永乾如果关心下生产进度和数据，也会发现问题并及时挽回。

在与属下的沟通中，你一定要做到思路清晰，并尽量明确你的沟通主题。在办公高度信息化的当下，邮件沟通成为职场的重要沟通手段。

一方面，借助邮件和添加附件，你能够将主题阐释得足够清楚，让属下能够真正明确主题，并按照邮件将工作做好；

另一方面，当你邮件发放出去，并得到对方回复的“已知悉”，也能有效出现问题后的相互扯皮。

其次，谈行为，不谈个性。

“你怎么这么笨，这件事都做不好？”在与属下的沟通中，如果你不想辞退他，就切忌采用这样的句式。

无论在与谁沟通时，评判对方都是一种禁忌。而在与属下的沟通中尤其如此，因为领导天然拥有的强势话语权，使得绝大多数员工都只能敢怒不敢言。但这种情绪却不会因为不表达而消散，相反，这种情绪会被压抑在心里，直到爆发。到那时，或许是属下一怒辞职，或许是领导直接被属下“坑害”。

对于订单出错的事故，小张的解释是：晨会没有仔细听，之后也未收到相关的邮件。但在李永乾沉浸于“李主管”的飘飘然时，是否做过伤害属下情感的事情呢？或许正是因此，让小张对其产生抗拒情绪，因而没有认真听李永乾主持的晨会。甚至更近一步，小张发现了其中的漏洞，由于长期以来积压在心里的情绪，导致他故意如此去做？

这个事故发生的真实原因，如今已经无法追根究底。但无论如何，其中必然存在沟通的问题。

当属下犯错时，你与他的沟通一定要秉持“对事不对人”的原则。针对具体的事件，分析其中的原因，并构思解决的办法，再交由属下去补救。如此一来，属下既能认知到错误，因为你给的补救机会，而对你产生感激之情，在之后的工作中，他也会尽量避免错误。

最后，最有效的沟通态度。

“男女吵架的问题，最终总会发展为态度的问题。”领导与属下的沟通同样如此，切勿以为你是领导，就能够高高在上。在沟通中，你的表情和言语，都与你的态度息息相关。若你采取高高在上的态度，就必然会采用傲慢的表情和不耐的言语；如果你的表情和言语不好，又怎么能够指望属下听话把工作做好？

在与属下的沟通中，最有效的态度就是合作态度，即双方平等地交流想法、分析事件、解决问题。

如何辨别自己采用的是否是合作态度呢？你可以做个简单的自我测试：

第一，沟通中，双方是否都能阐述自己担心的问题？还是你的一言堂？

第二，沟通中，你是否积极，并愿意解决问题？还是只顾着指责？

第三，沟通中，你们是否共同研究解决方案？还是一切按照你说的来？

第四，沟通是否能达成双赢目的，让大家都获益？

## 5.4 / 客户没兴趣，是你不会聊天 /

《SPIN销售巨人》作者雷克汉姆曾受IBM委托，考察IBM在中国的业务情况。在长达6个多月的考察里，雷克汉姆得到了如下结论：

1.从第一次接触客户，到最后签约，平均周期为27周；

2.期间，与客户会面的总时长为38.4小时；

3.在与客户的沟通中，正式话题3.9小时，占10.2%，包括产品的技术、应用、性能等；其余为非正式话题，就是各种闲聊，如八卦、时事、趣闻等。

“销售的过程其实就是聊天的过程。”这句话销售们都能认可。对于上述统计结论，也没有销售会否认。在中国，客户对你的产品有没有兴趣，很多时候并不在于产品本身，而在于你会不会聊天。因此，当客户总是对你说“没兴趣”时，你就该反思下：是否自己不会与客户聊天？

在与客户的沟通中，我们到底该如何聊天？

首先，知道何时开始和结束。

与客户聊天，很多时候不关乎聊天的内容，而关乎聊天的时机。

我们可能都遇到过这样的情境：正在上班或聚会的时候，你接到一个销售的电话。对方自报了公司名，你听过，挺可信；对方简单介绍了下产品，你挺有兴趣，没挂电话，告诉对方：“我现在有点忙，麻烦你说重点。”但对方回了一句：“好的，先生。”就继续按着话本念下去；你再催促一遍，仍然如此，于是，你只好挂掉电话。

当客户正在忙的时候，即使对你的产品再有兴趣，他也会直接挂电话，或是最多给你一分钟的时间，如果你把握不住这一分钟，就可能被直接挂断；

当客户闲得发慌的时候，即使对你的产品再没兴趣，他也愿意与你闲话几句，说不定因此突然产生兴趣，或者看在你的“苦劳”上，随便买点什么。

与客户聊天是一门艺术，你既要找到聊天的时机，知道在何时开始聊天，也要知道聊天应当在何时结束。

无论是“陌拜”，还是约谈，均要找到结束聊天的时机。结束聊天的动机分为两种：一是自己需要结束；二是对方想要结束。

即使作为销售，也不可能把所有的时间放在一个客户身上。如果客户跟你聊“high”了，一直滔滔不绝地说着，但你在半个小时之后还有另外一个客户要见。你就要在对方喘气休息时，设法结束这场聊天：“跟您聊天真的很愉快，但我真的不能继续了，下一场约会就快迟到了……”

那么作为客户，更不可能把太多的时间耗费在一个销售身上。如果在聊天中，你正夸夸其谈着，客户给出想要终止的信号，比如端着茶杯不说话，你就要知趣地主动结束这场聊天：“您的需求我都了解了，您想要……我今天就不再打扰了，我回去做好计划书再约您。”

其次，初次见面留下好印象。

无论何时，第一印象的作用都十分巨大，一个好的第一印象，能够为你后期的沟通做好铺垫。那么，在初次见面时，我们应该和客户聊什么呢？这当然要具体情况具体分析，但有一些基本准则却是通用的：

第一，注意仪表。一个沉稳的外表，往往会增加你的可信度，即使不穿一套正装，你的穿着也要尽量大方得体，从而给客户留下好的第一印象。

第二，注意语速、音量。在语速、音量上，你需要迁就客户，语速尽量与客户同步，音量决不能高过客户。

第三，态度谦逊，以倾听为主。我们都想在与客户的沟通中，尽快将自己的产品推销出去，但“欲速则不达”，如果你都不能倾听客户的需求，甚至频繁打断对方的谈话，这场谈话其实也就不必再进行下去。

第四，引入话题。在与客户的聊天中，尽量引入一些对方感兴趣的话题，从而让对方对你感兴趣，继而对你的产品感兴趣。

第五，控制时间。初次见面时，注意控制时长，你只需对产品大概介绍，给客户留下一个印象即可。大量的细节，可以在第二次见面时提供给对方，届时，通过第一次对客户需求的了解，你的准备也将更加充分，且更具针对性。

最后，一场轻松、充实的聊天。

你与客户沟通的周期可能长达27周，聊天时长更会达到38个小时之多，在这场漫长的沟通中，你要如何通过聊天抓住客户的心？答案就在于每一场轻松而充实的聊天。

卡内基在《如何赢得友谊和影响力》一书中写道："我知道了人们对自己才最感兴趣，如果你聊他们，他们会比你聊自己回应更积极也更感兴趣。"

每个人都有自己的故事，而你想要得到客户的认可，最好的方法就是引导客户说出"他背后的故事"，并适时地表示疑问、赞扬和崇拜。当然，做这件事时，最好委婉一点，不要那么直接。

不要直接问："你是怎么成功的？"而要这样设计问题："当时很多人在做同类的产品，为什么你的公司绩效却特别好？"

但当客户与你分享他的成功经验时，你并非一个单纯的听客，要想好接下来的问题。因为客户的故事是有限的，你要在客户分享结束之后，让话题继续下去。此时，你可以尝试再问些问题，或与客户分享你的经验。

你也要明白，与客户分享你的经验，只是挑起客户继续说话的欲望，而非进入你"讲故事"的节奏。否则，当你吹嘘完自己的成就，秀完自己的肌肉时，你好不容易与客户建立的良好关系，也会顷刻间崩塌。

## 5.5 / 别总把他人的高情商当成是“马屁” /

每次领导在群里说起什么话题，当你安静旁观时，总有人会第一时间上前搭话。一段时间下来，你甚至会发现，无论在微信群，还是在会议上，“冒泡”频率最高的就是那么几个人。有时候，你甚至会怀疑，他们是否事前就商量好了怎么“唱双簧”？心里大概也会暗暗地评价一句“马屁精”。

职场不乏各种各样的“马屁精”，让人感觉一股“恶臭”扑面而来。这样的“马屁”不仅让旁观者笑而不语，即使是被拍者也会感到烦躁与无奈。但我们也要看到，很多时候，你看到的并非“马屁”，而是高情商。

在职场，高情商与“马屁”总是容易混淆。举例而言：

当你与一桌同事一起进食午餐时，你正在发呆，他们却突然笑起来，于是，你下意识地跟着笑起来，并开始仔细聆听他们接下来的话，好搞清楚他们到底在笑什么。之后，你还会适时地表达几点自己的看法，甚至对之前的笑谈进行延伸，似乎你一直都沉浸在这个话题当中一般。

这似乎很正常，但如果换一个场合呢?

有一个领导刚刚“空降”而来，团队举办了一场接风晚宴。在宴会上，你心不在焉地听着领导夸夸其谈，突然领导说完一句话停了下来。在大家都还没反应的时候，你下意识地意识到：“这好像是个冷笑话？”于是，在你尚未体会到笑点时，爆发出“哈哈哈”的笑声——只是比同事早不过一秒而已。

亚当·斯密在《道德情操论》中写道：“我们在这个世界上辛苦劳作、来回奔波到底是为了什么呢？被他人注意、被他人关怀，得到他人的同情、赞美和支持。”

在处理人际关系时，赞美是最普遍的沟通技巧，但在职场上，赞美为何就总是与“马屁”联系在一起呢？

我们先来看一段典型的“马屁”：

在某次员工会议上，领导总结完大家的发言，某人第一时间站起来：“领导总结得好，这些就是我们的心声……”

领导又就此提出自己的想法，某人直接鼓起掌来：“领导这想法好啊，真的好啊……”

在某人不断赞美时，领导突然想起来需要补充的一点内容，某人又拍了下桌子：“领导补充得好啊，我们确实应该……”

听着某人的复述，领导总觉得哪里不对，但也不清楚是否自己说得不对，于是又说道：“这里需要更正一下……”

某人：“领导更正得好啊……”

领导：“你滚出去！”

某人：“领导滚得好啊……”

看出来“马屁”的精髓了吗？“马屁”是无底线地赞美，“拍马屁”并非以赞美为核心的沟通技巧，而是彻底的阿谀奉承。

元朝时，牧民们常以养骏马为荣。因此，当人们牵马相遇时，就会拍拍马屁、摸摸马腰，赞一声“好马”，以博得马主人的欢心，或当作“今天天气真好”这样的开场白。而在官场上，官员们则只是随意地拍下马屁股，就大赞“好马”，至于马究竟好不好，则不重要。

“溜须拍马”确实让人感到厌恶，然而，在职场上，很多你认为的“马屁”，其实是他人高情商的表现。当你将一切职场上的赞美都看作“马屁”时，其实却是一种低情商的表现。你必须走出这样的误区，才能真正学会职场的沟通技巧。

误区一：高情商的人就是会“拍马屁”。

之所以高情商与“拍马屁”容易混淆，正是因为很多人认为高情商的人就是“见人说人话，见鬼说鬼话”。“拍马屁”被看作高情商的核心内涵，这其实是对高情商最大的误解。

一个人的情商高低，其实并不体现在他的赞美，而是体现在其中的真诚和正直。我们都喜欢真诚和正直的人，高情商的人则能够通过话语让别人感受到自己的真诚。

比如当领导提出自己的想法之后，高情商的人是怎么应对的呢？“领导的想法很好，但考虑到某某情况，某一点想法可能还需要商榷。”这样的话语能够让对方感受到你的真诚，知道你有认真听话并思考。因此，领导会接受第一句的赞美，并重视后面的意见。

而“马屁”则是一味地说“领导对”“领导好”，这实际上是违背自己的内心去迎合对方。你或许以为它是赞美，但明眼人都知道这是“拍马”，因为他们感受不到其中的真诚和正直。此时，再好听的赞美也会失去效用，甚至引起反感。

误区二：高情商的人总是“掩饰”情绪。

人们有时候会惧怕与高情商的人相处，因为他们感觉自己完全看不透对方的情绪。因此，他们认为，高情商的人总是“掩饰”自己的情绪，这必然是因为他们的内心腹黑、外表圆滑。

然而，事实上，高情商的人并非一味“掩饰”情绪，而是懂得“管理”情绪。

心理学家早就通过实验证明，相比于情绪表现在脸上的人，在平静的面部表情下，掩饰情绪的人反而会有更强烈的情绪。

如果只是“掩饰”情绪，这个人其实只是在不断否定自己的情绪，也即否定自己，他们早晚会爆发出更激烈的情绪。而高情商的人却会通过情绪管理，直面自己的情绪，尽管某些情绪会让他们不舒服，他们也会正视并调节，从而避免这些情绪产生更严重的影响。

当你认为他们在“掩饰”情绪时，你或许会腹诽：“看他现在一点情绪都没有，谁知道回家之后，会摔几个杯子，来释放自己压抑的情绪呢？”但事实上，高情商的人根本不需要“释放”情绪，因为他们的情绪能够及时得到调节，并在最恰当的场合，以最合适的方式表现出来。

误区三：高情商的人“世故而虚伪”。

梁心颐最反感的就是“马屁”，她一直疑惑于“人们为何如此世故而虚伪”，她觉得做人就应该真诚、坦率一点。

当同事对她说：“我喜欢范冰冰，我觉得她好美哦……”梁心颐的回答时：“不要喜欢她，她人品很差的……”

当领导组织活动：“我们这次团建活动就去植物园BBQ吧！”在一片赞同中，梁心颐说出一句：“我不喜欢BBQ，烧烤又累，烤出来又难吃。”

梁心颐似乎对什么都不满意，看谁都觉得“又傻又LOW”，当她逐渐被孤立时，她却觉得委屈：“我只是不像你们那么世故，那么虚伪，我就是做自己而已。”

高情商的表现绝不在于“世故而虚伪”，相反，高情商的核心就是真诚而正直。“知世故，而不世故”，高情商的人知道什么是世故和虚伪，但不会拆穿，更不会评判别人。他们坚持待人和善，因为只有与人为善，才能得到他人的认可和支持。

Optimum Position

# 第 6 章 有好的职场习惯，才能当好职场“老司机”

## 6.1 / “这事不赖我”与“这事赖我” /

“常在职场走，哪有不背锅？”职场人少不了背锅的经历，且不谈背锅的原因如何，背锅的后果通常还挺严重，最低是领导的责骂，最高甚至被辞退出局。正是因此，职场人都对“背锅”敬而远之，任何问题发生的第一时间，参与者就在考虑如何“甩锅”。

Sunday是一位网页设计实习生，主要负责图片处理方面的工作。但在刚上线的一个主页上，却有一个产品图片存在不清晰的问题，噪点较多。事实上，该问题并不严重，但却被产品部门指出来，直接通报设计部主管。

因此，当主管第一次询问该问题并要求修改时，Sunday首先想到的就是：“这事都捅到主管那儿了，事情搞大了。”于是，她就直接对主管说道：“这张图片我应该没有做错，可能是做代码的同事贴图贴错了吧。我回去查下……”主管却直接要求：“这事不大，你回去确认下图片，给代码那边重新传下就好。”

当时，Sunday还觉得有些委屈。但事后与朋友沟通时，却发现这件事情比她想象中更严重：这事情想要确认责任其实十分简单，因为你做完图之后都会交由某个主管审核，只要将网页上的图片与当时过审的图片对比下，不就清楚责任了？但主管却并没有这么做，因为他不在意责任，与你沟通，只需要尽快解决问题就好，而你的第一反应却是推卸责任。你的形象，在你主管那变成怎样，你也可以想到……

遇到问题的第一反应就是“这事不赖我”，如果你想借此“甩锅”，结果却会事与愿违。因为这种反应实际上反映了你习惯性地推卸责任，而这却是职场人的大忌，任何老板都更喜欢能够主动承担责任的员工。

当然，“甩锅”的想法并非错误，但关键却在于“甩锅”的方法：

第一步，正视“蘑菇期”。

20世纪70年代，国外的一批年轻程序员总结出来所谓的“蘑菇定律”：在自然界，长在阴暗角落的蘑菇，往往得不到阳光，也难以汲取肥料，因此需要面临自生自灭的情况；只有当长到足够高的时候，它才会被关注并被照料，但此时，它已经能够自主接受阳光雨露。

这一定律延伸到职场当中，即为：“初入世者常常会被置于阴暗的角落，不受重视或打杂跑腿，就像蘑菇培育一样还要被浇上大粪，接受各种无端的批评、指责、代人受过，得不到必要的指导和提携，处于自生自灭过程中。蘑菇生长必须经历这样一个过程，人的成长也肯定会经历这样一个过程。”

“蘑菇期”确实让人感到难受，觉得委屈和不甘，然而，这种经历却普遍存在于每个人的职场生涯，而且是职场人必须经历的，并具有相当的积极意义：

首先，消除幻想。在刚走出大学时，我们都有着自己的骄傲（其实是浮躁），因此，我们认为自己进入职场后理应被重视。但事实却是，职场新人几乎都是在干杂活与被指责中度过，而这其实也是职场常态。我们只有在“蘑菇期”中消除不切实际的幻想，才能慢慢成长起来。

其次，加速适应。混迹职场不仅需要工作能力，同样需要社交能力。职场中存在相应的行为模式和游戏规则，新人只有在适应职场之后，才可能让自己的工作能力得到发挥，并最终实现自我价值。

最后，避免浮躁。即使是职场新人，也不难在职场上做出成绩，此时，我们都希望得到同事和老板的赞扬，但这种成绩却可能被忽视。因为你认为的成绩，在别人看来只是理所应当。因此，“蘑菇期”能够让我们沉下心来，脚踏实地。

第二步，视“锅”而“背”。

在职场上，当“锅”来到自己头上，到底该说“这事不赖我”，还是“这事赖我”？此时，我们就要先分清楚“锅”的属性，再视情况而“背”。

第一，“不是锅”。如Sunday的境遇，其实“不是锅”，主管之所以找她，无非是想尽快解决问题，并非想让她承担这样的过错。在主管看来，事情不大，解决就好。但Sunday急于“甩锅”的行为却真正让她陷入困境。在职场上，无论发生何种问题，第一时间都应当以解决问题为主。而很多问题解决之后，也就不再成为问题。

第二，“自有锅”。如果问题确实出现在自己身上，就要勇于承担错误，并找到解决问题的方法。发生错误并不可怕，最可怕的是，在你推卸责任的过程中，错误也不断变大，最终公司却发现根源在你。此时，你大概只能引咎辞职。

第三，“帮背锅”。“蘑菇期”是职场的必有阶段，这一阶段的一大特点就是代人受过。在帮人“背锅”时，很多人觉得委屈，但这其实是职场常态。

有时候，它反而会助推你的职场生涯：因为领导并非不清楚谁是责任人，而你主动承担责任的行为，却会赢得领导的认可；真正的责任人则会在你“背锅”后，对你产生好感，并在之后给予相应的回报。

第四，“绝不背”。适当“背锅”可以增强团队感情，但盲目“背锅”却会葬送自己的职场未来，如这种“黑锅”自己绝不可背。比如某上市公司的财务报表出现问题，作为财务的你，一定要今早将自己摘出来，告诉领导“这事不赖我”。

## 6.2 / 迟到5分钟与早到5分钟 /

迟到在生活中随处可见，很少有人敢拍着胸脯说：“我从来不迟到。”无论是和朋友聚会，还是每天上班，或是和情侣约会，迟到都可能发生。即使你很不想迟到，但总会有各种突发事故耽误了时间。

迟到5分钟与早到5分钟，看起来似乎并没有什么差别。但迟到的背后，却能反映出你的工作态度，这才是老板看重迟到的原因。

这里，我们可以先做个小测试：

在你上班途中，突然发生特殊情况，比如交通事故，你无法确定需要处理多久，也无法确定自己是否还能准时到达公司。在随时可能迟到的情况，你会怎么做?

A.顺其自然，能早点处理结束最好，如果迟到也没办法；

B.感觉准时到达的可能微乎其微，不如直接请假，回家休息；

C.打电话给领导，坦言自己的处境，声明自己很有可能迟到；

D.继续玩手机，因为迟到由意外导致，可以被原谅；

E.采取一切办法，务必让自己能够准时到达公司。

你的答案是哪个呢？

魏胜兰的答案是D，在她看来：“这是特殊情况，并不是我想迟到，公司追究起来，我也有理由。既然如此，我就继续安心玩手机好啦。”这种想法看似无可厚非，然而，这也成为魏胜兰面对职场危机的导火索。

在一年的工作时间内，魏胜兰的迟到次数多达58次，主管和人事也多次找她谈论关于迟到的问题。但每次魏胜兰都有看似合理的理由，譬如堵车、地铁故障、身体不舒服等。魏胜兰自认为理直气壮，而且每次迟到的时间都不多，不过几分钟而已。

当年度绩效结果出来时，魏胜兰感到十分愤怒，因为她的考勤分和主管、人事评分都远低于平均水平。她找到主管了解情况，主管给她的理由正是“频繁迟到，工作态度不认真”。

年后，魏胜兰愤而离职。其实，她愤怒的原因并非绩效考核成绩差，而是自己的年终奖因此大打折扣。她原本的打算也就是拿完年终奖离职，给自己放个大假，好好休息一段时间。但年终奖的极度缩水，却使得魏胜兰的休假计划随之缩水。

关于迟到问题，每个职场人都应该给予高度的重视。你的轻视，其实都是对自己职场生涯的不负责。你可能觉得这么说有些危言耸听：

观点一：迟到不过几分钟，可以加班弥补。

每个公司都有各自的规章制度，而考勤制度则是对员工最基本的要求。可能你迟到的时间确实很短，但你一个人迟到，却可能影响到整个公司，这种影响是你个人加班补不回来的。

首先，当别人都进入工作状态时，你却姗姗来迟，甚至坐在工位上后，还慢悠悠地吃着早餐，这当然会影响到周边同事的工作状态；其次，很多公司内部都形成了流水线式的合作机制，你一个人迟到，就意味着在你迟到的时间内，流水线因为单个环节的缺失陷入停摆状态，或者其他同事要顶替你完成这项工作。

观点二：迟到有理有据，并非主观故意。

迟到总有各种各样的理由，特殊情况的出现也情有可原。但如果你总是迟到，这种理由其实只是借口，因为按概率而言，别的同事一年之内遇到的特殊情况，并不会比你少太多。

此时，你的迟到在领导看来，就不止是考勤问题，而是工作态度的问题。因为你不仅经常迟到，而且总是找各种各样的借口，就会被贴上“虚伪”“撒谎”的标签；而从另一个角度来看，如果你真的运气比别人差那么多，总是遇到特殊情况，为何不给自己留下更加充足的时间呢？这就是工作态度的缺失。

观点三：迟到只是小问题，工作能力更重要。

“虽然我总是迟到，但我的工作能力很强，我的业绩比别人都要好！”这就是魏胜兰对待迟到的内心想法。因此，即使领导屡次批评、人事屡次罚款，她也依然我行我素。

在这份工作之前，魏胜兰甚至还有更加“辉煌”的历史。在之前那家初创公司担任业务员时，她的业绩提成总是远高于同事，当时，她甚至有两个月直接没去公司，干脆在家工作。魏胜兰的说法是：“我这两个月有点忙，但我的业务不会落下。老板你就睁只眼闭只眼，大不了我底薪不要了，你只给我提成就好。”就这样，魏胜兰直接把正式工作做成了兼职。

正是因为这种工作态度，很多时候，并非老板不喜欢魏胜兰，而是她自己对工作产生厌倦态度：感觉钱挣够了，就放个大假，潇洒完了，再继续上班。这也使得她总是成为职场上最不受欢迎的人，因为当大家都认真对待工作时，她成了异类。

偶尔迟到是人之常情，因为各种情况都可能出现，但频繁迟到却不会得到谅解，即使你的理由再充分。迟到5分钟与早到5分钟，看似差别不过10分钟，但在领导和同事眼里，这种差别却会被无限放大。如何避免自己陷入这种窘境呢？

第一，早点出门，尽量不迟到。

为了避免迟到带来的负面影响，不迟到是最好的解决办法。其实，正常的通勤时间完全是可计算的，比如你起床之后的洗漱、穿衣时间，比如早餐时间，比如交通时间，这些基本都是固定的，你只需花一周的时间进行统计，就能得到一个准确的数字。

在计算该时间时，我们首先要向上取整，比如你计算出从起床到公司，总共耗费53分钟，那就向上取整算作60分钟。为了应对可能出现的特殊情况，比如公交迟到、地铁故障、雨天慢行等，你需要再预留15分钟的应急时间。即9:00上班的话，你最迟7:45就要起床，以免迟到。

第二，特殊情况，要积极应对。

即使你预留了15分钟的应急时间，但在某些情况下，也远远不够用。举个例子：你起床完了10分钟，好不容易赶上第二班地铁，却遇到地铁故障，而此时距离上班已经只有15分钟。除了等待地铁恢复运营，你似乎没什么可做的了。但事实并非如此。

当因为某些特殊情况，你很有可能会迟到时，你一定要积极面对。如果实在找不到“B计划”让自己准时到达公司，那就赶紧打电话给领导说明情况。电话沟通是第一选择，因为它更加快捷，也更显重视。如果电话无法联系到领导，那就向同事说明情况，让他代为转达，并编辑短信或微信发送给领导。

第三，迟到之后，用行动说话。

在各种应急措施都失效，导致迟到之后，当我们到达公司，就无需再多费口舌去解释。此时，该罚款就罚款，该扣分就扣分，我们要勇于承担自己迟到的后果。除非领导主动询问，否则，我们只需尽快投入到工作当中，挽回迟到造成的问题。如果迟到导致下班时仍有工作挤压，那你也要主动加班完成。

如此一来，你的偶然迟到能够得到谅解，你勇于承担后果并弥补影响的行为，也会得到同事和领导的赞赏。

## 6.3 / “这有什么大不了”与“这个我得学会” /

辛辛苦苦的工作中，毕业两年的邓立终于存够了自己的第一笔“职场基金”——3万元。然而，只过了半年的时间，邓立的“职场基金”余额再次清零。这笔“基金”被花到哪里了呢？

第一部分：买书。在这半年间，邓立几乎每个月都会买20—30本书，仅买书一项就花费了0.6万元；

第二部分：培训。基于MOOC、网易公开课等网络课程平台，邓立累计购买了46个培训课程及演讲视频，投入学费1.27万元；

第三部分：知识付费。在分答、知乎、微博陆续推出知识付费产品，因此，邓立订阅了几位大V的付费文章；当产生疑问时，邓立也会付费提问以获得专业的解答，为此，邓立陆续花费0.7万元；

第四部分：健身。邓立深谙“身体是革命的本钱”的道理，因此，在他的规划里，0.3万元的健身卡也必不可少，另外，邓立也购买了各种家用健身器材。

就这样，邓立的“职场基金”花费一空。对于邓立的做法，很多人却不屑一顾：“这有什么大不了的，我曾经存过四五万，带着老婆一起去美国玩了一趟，别提多开心了。学那些东西有什么用？”

我们每个月拿到的工资，能够被用于吃喝玩乐，但谈及投资自我，却有很多人哀叹着：“没钱。”50元钱用于聚餐，人们会大叹“实惠”，但若说一本书50元钱，却不乏“太贵”的呼声。

为何一本书的价值甚至比不过一顿饭？

因为聚餐是一次性的消费，如果与好友聚会，更会让人觉得欢愉。而读书则不同，买完书之后要花时间阅读，甚至研读，否则，耐着性子读的书就毫无用处。因此，面对书，他们的态度是“没用”；面对能够认真学习的人，他们觉得“没什么大不了”。

延伸而谈，在职场上，如果看到同事做出什么成果被领导夸赞，你可能会想：“这有什么大不了？我也能做到。”但对于酒桌上的各种礼仪、技巧，你却会觉得：“这个我得学会。”就好像领导会更在乎酒桌表现，而非工作成果。

首先，“这真有那么大不了！”

如邓立这样建立“职场基金”的做法，在平时十分罕见，但日常储蓄却是大部分人的理财习惯。那么，储蓄下来的钱被用在哪里呢？愉悦自我，还是自我投资？

坦率地说，相比于后者，更多人会选择前者。因为愉悦自我是一种欢快的体验，它几乎没有风险，当你穿上新衣、吃完大餐之后，就会感到快乐。但自我投资却截然相反，投资周期较长的同时，却存在着较大的风险：你买书之后，要看书；看书之后要总结，并寻找渠道答疑解惑；终于学会之后，也并不一定有用武之地。

其实，职场人并非不会自我投资，但多数人都比较看重短期效益。职场环境瞬息万变，今年还在工厂车间里热情高涨，明年可能就去做房产销售，因此，长期投资普遍被看作是高风险投资。

正是因此，在各个城市，十周学编程、一个月学日语等速成班才备受欢迎。大家在看到短期的收益之后，选择以短期投资博得该份收益。

但事实上，只有那些能够长期投资自我的人，才能在自己的职业规划上走得更远。如果总是着眼于短期效益，必然会养成短视的习惯。如此一来，在30岁之前，或许你能“傲视群雄”，但在30岁之后，当别人迎来上升期时，你却毫无上升的可能性可言。

如果能够做到长期投资自我，真的是件了不起的事情。在长期的自我投资中，我们确实在成长，但却不一定能够获得短期收益。在别人吃香喝辣的时候，我们可能只能耐心等待最终的结果。偶尔能够得到自我安慰的，或许也只是同事、朋友对自己的几句夸赞。

其次，“为什么我做不到？”

无论是长期的自我投资，还是职场的自我表现，很多人都表现出不屑一顾，认为“没用”，或觉得“自己也能做到”。

邓立总是会被领导公开表扬，有时候是赞赏他的业绩表现，有时候则是夸赞他的专业知识。对此，很多同事都会腹诽：“邓立是不是跟领导关系好？明明很简单的东西，大家都会，为什么总是夸他？”

且不谈在这些所谓“简单的东西”背后，邓立为此付出了多少努力，同事们应当考虑的是：“为何我做不到这么‘简单的东西’？”明明很“简单”，明明“我也会”，为何不能表现出自己的能力呢？

如果你自认为拥有足够的能力，那与能力相背离的表现，可能就指向一个关键——懒。

无论在哪个职场上，以下言论我们大概都曾多次听说：

“我才懒得表现那么多呢！”

“每到周末睡到中午，吃完饭、泡杯咖啡、看部电影，一个下午过得真惬意……这才是人生啊！”

“我朋友那份工作真好，每天基本没什么活做，虽然工资一般，但难得清闲啊。”

……

职场是人生成长的重要环境，但在这个环境下，很多人却表现出这个职业的“懒”。之所以如此，正是因为他们尚未明白成长的价值。

当我们看到别人受到表扬，自认为“我也行”时，为何不试试表现出自己的能力呢？受到表扬难道不是一种幸福的体验？

然而，很多人在自傲于能力优秀时，难得表现一次，却发现并没有获得预料中的表扬。事实上，如果不曾表现过，我们就不知道自己的能力究竟有多少，此时，我们的自信，其实只是自负而已。

最后，“这个我得学会！”

子曰：“见贤思齐焉，见不贤而内自省也。”面对比我们优秀的同事或朋友或其他人，我们要做的是寻找可供自己学习的细节，而非一味地表现出不屑、嫉妒。

邓立的“职场基金”计划，是否有值得学习的地方呢？他的一位朋友就时常与他讨论看书的问题。这位朋友也曾经做过阅读计划，并一次性买了近一百本书，但两年过去，只读了不过十本。

邓立分享给他的经验就是：“每次不用买那么多本书，足够自己一个月读就好。读完之后，根据这次阅读留下的疑惑或收获，再购买相关联的书籍，或用于答疑解惑，或用于扩展阅读。系统地、有计划地阅读，才能深化阅读的收获。”“另外，对每本书也要采取不同的态度，我们的时间有限，无法把所有书都‘吃尽’。有些书籍如果被当作参考书，如果没有时间，就不要耗费太多的时间去细读整本书。”

每个人身上都有各自的优点，如果适用于自己，我们就应当把它学过来，嫁接到自己身上。而不是只顾着自己的脸面，只愿说一句“这有什么大不了”，如果内心告诉你“这个我得学会”，就请虚心请教。

## 6.4 / “这事已经完了”与“这事我得总结” /

史小方最近十分烦恼，一直想着要辞职，并四处询问应该怎么跳槽。为什么辞职呢？因为他觉得现在这家公司很不公平。事情是这样：

前半年的时间，史小方一直和另外一个同事负责一个项目，在这半年的时间内，史小方自认做得比同事多，加班更是家常便饭。但项目结束之后，另外一位同事却被提拔为主管，而史小方只得到一点象征性的奖励。

“凭什么提拔他呀？就因为比我会做报告？”史小方对此愤愤不平，觉得公司以总结报告做提拔，却不看工作付出。这种提拔标准十分不公，那位同事不过是更会讨巧而已，哪有自己脚踏实地。

然而，事实却是，无论在传统的国企，还是在外企，或是现在的互联网企业当中，会写工作总结的人，确实更容易得到升职加薪的机会。这也就是所谓的“总结乃升职之母”。

你觉得这很不公平，但其实是尚未搞懂职场的逻辑：

逻辑一：领导精力有限，公平并不可行。

史小方自认工作付出比同事更多，这或许就是事实，但领导却不一定能看到。因为在有限的精力下，领导不可能全程跟踪你的项目进展，他们只能根据总结报告对员工的工作做出评价。

当一个项目做完，你认为“这事已经完了”，但其实却遗漏了最后的关键一步——“这事我得总结”。

在如今的公司组织架构中，领导可能每天都在不同的城市出差，员工也可能遍布全国。此时，即使是同一部门的上下级，也不可能对彼此有深入了解。因此，如果要从团队员工中提拔一位主管，你会怎么筛选呢？你总不会把录像调出来，观察每个员工的工作表现。因此，除了绩效考核这一重要指标之外，领导更倾向于选择总结报告作为评判标准。

这种评判标准当然不是最公平、最科学的，但在领导精力有限的前提下，却是最可行的。

逻辑二：会写工作总结，更会总结工作。

每个人的进步都在于有意地自我锻炼，如果只是无意识地重复，即使重复一万小时，也不可能成为“大牛”。也正是因此，可能很多人工作五年，却没有一位新入职的员工晋升得快。你觉得是因为“他更会写工作总结”，但在老板看来却不同：“他更会写工作总结，说明他更会总结工作，对这份工作有更深入的认知。”

我们在职场上的进步，离不开刻意地锻炼，而工作总结就是其中的重要一环。一个典型的职场成长模式可以被总结为ORPD模式，即“观察—反思—计划—执行”：只有通过观察自己或他人的工作表现，并反思其中需要改正或提升的细节，再制定相应的行动计划，才能在最终的执行实践中提升自己。

而一份合格的工作总结正要涵盖以下方面，即：观察，对某一阶段的工作进行观察，并提炼总结；反思，分析该阶段工作体现出的问题和不足；计划，针对分析出的问题，制定改善计划；执行，表明自己将在下一阶段实践改善自我。

如此一来，一份工作总结，其实就是员工成长性的体现。领导可以从中看出员工对工作和自我的认知，并看到员工对未来的计划，能够做好这两步的员工，自然更容易在下一阶段做出更好的结果，自然也更容易得到领导的认可。

在明确这两个逻辑之后，我们大概也不会再抱怨领导的不公。而顺应这样的逻辑，我们又该养成怎样的职场习惯呢?

第一步，写一份好看的工作总结。

若没有外力逼迫，很多人大概不会主动写工作总结。那么，在领导的要求下，我们最好努力写出一份好看的工作总结，而非随意copy一份应付差事。否则，你只是对自己的职场生涯不负责任而已。

一份好看的工作报告涉及各个方面，甚至每个用词都需要用心考量，譬如“屡战屡败”和“屡败屡战”的差别。同样的工作内容，完全可以从不同的角度去阐释，以不同的形式去呈现，从而获得更佳的效果。

大体来说，想要写出一份好看的工作报告，你要记住“一要、二套、三升、四填”的基准原则：

一要：要界定问题。每份工作总结的意义并不同，即使都是年度总结，在呈现给直接主管、人事主管和顶级上司时，都要采取不同的撰写方式。因此，在写总结之前，要界定这份工作报告的撰写背景、目的、对象等问题。

二套：套个好模板。从网上可以搜索到各种各样的总结模板，而一份好的工作总结，也必然需要符合一定的逻辑顺序。因此，根据不同的需求，你需要套个相应的模板，从而更好地实现工作总结的目的。

三升：升华工作价值。“总结乃升职之母”，想要凭借工作总结赢得领导的重视，就需要升华你的工作价值，从而升华你的个人价值。此时，你可以深挖所做工作对公司的价值，并将之与公司全局及公司战略相关联。

四填：填充价值内容。工作总结并非做流水账，我们要懂得对各项内容做取舍，从而以一份简练的工作报告，突出证明自身与所做工作的价值。为此，最好将报告内容尽量量化和场景化。

第二步，做一份自己的ORPD（观察—反思—计划—执行）。

“总结乃升职之母”，并非只是呈现在迎合领导需求上。事实上，工作总结最关键的作用，仍然在于自我成长。ORPD是职场成长的关键，如果我们不能对工作观察和反思，就只是每天重复而已。重复工作除了将我们培养为一个“熟练工”之外，毫无价值可言。

我们常说“熟能生巧”，但想要由“熟”到“巧”，就需要借助总结这一关键。试想一下：每天下班时间一到，我们就拎包走人，心里想着“今天的工作完了”，就不再思考关于工作的事情，直到第二天上班……日复一日、年复一年，我们就能实现成长？这明显是痴人说梦。

因此，即使没有领导要求，我们同样要定期做一份自己的ORPD。这里无需考虑辞藻修饰，也无需考虑工作背景，只需对自己保持诚实，客观地对近期的工作进行观察和反思，并做好计划和执行即可。

ORPD其实是一个非常可怕的成长模式，只需坚持一段时间，你就会被自己的成长进度吓到。工作能力的不断提升，才是职场晋升的基石，而工作报告只是呈现自己工作能力的一个渠道。

除此之外，定期做一份自己的ORPD，当你需要向领导呈现一份好看的工作总结时，你也将体验到“下笔如有神”的感觉。

## 6.5 / “这是我的功劳”与“这是大家的功劳” /

功劳是我们职场晋升的关键，但长久以来，功劳的归属问题，都一直是职场的一大难题。当一份功劳出现，到底归属于谁？如果你是这份功劳的主要负责人，那么，这就是你的功劳吗？如果你这么想，那你就会离功劳越来越远。

很多职场人总是专注于“我”，却不关注“大家”，这正是他们总是无法成为职场“老司机”的关键。

卢芬吉一直看不惯职场的各种是非，因此，她也热衷于“清者自清，浊者自浊”的明哲保身。在她看来，只要自己专业过人，工作脚踏实地，又不惹是生非，自己早晚能够凭借自己的突出功劳，成为职场赢家。

在今年初的组长竞聘中，卢芬吉出乎意料地落选了。其实，在她看来是出乎意料，但在团队其他人看来，却是意料之中。正如当时的“员工代表”所说：“你的能力很厉害，每次绩效考核都排在第一，甚至远超过第二名。但今年团队里来了很多新员工，他们都表示‘只闻其名，不见其人’。你觉得呢？”

卢芬吉当时觉得很尴尬。即使工作能力再强，如果团队里大部分人都不认识你，对于职场晋升而言，又有何助益呢？职场从来不是“一个人在战斗”，明哲保身只是把自己排除在团队之外，自然也就堵住了自己的上升通道。

当你执着于“这是我的功劳”时，你的“功劳”也就失去了意义。我们要养成将功劳归属于大家的习惯。可能你会疑惑，为何要将自己的功劳摊薄？

原因一：职场没有“台风眼”。

厌倦职场的尔虞我诈？为什么没有一个单纯的职场环境？你要知道，即使在校园，也可能存在各种是非。在职场上独善其身，只是一种妄想。如果你只会躲在电脑屏幕后面，在自己的格子间里做业绩，你不可能得到晋升的机会。

因为公司是关于人的组织，如果学不会协调人与人的关系，自然做不好关于管理人的工作。职场没有“台风眼”，而功劳作为职场人的重要晋升阶梯，当每个人都在追逐功劳时，如果你不会处理关于功劳的问题，甚至独揽功劳，就必然会被“台风”吹开。

原因二：与团队成就彼此。

卢芬吉认为自己的功劳都由自己独自创造，因为她一直遵循独善其身的准则，她几乎未曾寻求过同事的帮助，那么，她能够长期霸占绩效榜首位，自然是她自己的功劳。

卢芬吉的优秀绩效，为团队进步付出了极大的贡献。然而，如果没有团队的支持，她又是否能够取得这样的成绩呢？团队工作本就是所有成员通力合作的工作，没有同事的协助，你就不可能获得成功。延伸来说，如果在基层岗位，你认为自己单打独斗即可，但在管理岗位上呢？没有你的团队支持，你还能做出成绩吗？届时，你是否仍然会独揽功劳？

在职场，团队的成功就是个人的成功，个人的成功却不等于团队的成功。因此，我们必须努力为团队做贡献，其中一项重要的贡献就是：将功劳归于团队。

当我们将功劳归于团队时，团队会因我们而荣耀，我们也能够在团队占据更重的分量。反之，如果团队里遍布独揽功劳的同事，你会是怎样的感觉？你大概只想着逃离。

原因三：顾及生存空间。

职场的生存空间是有限的，能够晋升的只有一两人，能成为团队主角的不过五六人，剩下的似乎都只是简单的“路人甲”。如果荣誉都归于某人，别人就会觉得自身的光芒因而变暗淡。

然而，每个人都有自我表现的欲望，我们都希望成为动物园里最受关注的孔雀，如果自己的光芒被掩盖，自然会因此失去安全感，甚至觉得自己的生存空间受到威胁。

试问，如果功劳总是集中于某几个人的身上，剩下的人是否还有晋升的机会？答案当然是否定的。那么，当我们在一个职场失去了前进的空间，难道我们会安于做“路人甲”吗？答案同样是否定的。此时，只会引发两个后果：第一是阴暗的职场斗争；第二就是黯然的辞职离场。

在电视连续剧《超人》里有一句话：“一个人也可以改变世界。”那是个英雄主义盛行的世界，但在现实世界，无论处于何种环境，我们都不可能脱离他人的支持。或许你认为是自己的功劳，但你并没有看到其他同事在其中的付出。

既然不可能独善其身，那就只能融入；而功劳的分享，就是融入团队并团结团队的最好方法。因此，与其独揽功劳，让自己成为“孤家寡人”，不如通过分享功劳，让自己获得团队的拥护。具体而言，该如何去做呢？

第一步，切忌展露野心。我们都想成为职场“老司机”，想获得升职加薪的机会。但在职场上，切忌露出你的野心，更不要四处夸夸其谈。有野心是好事，但不要让自己成为“招风的大树”。高表现、低姿态，才能为你赢得掌声。

第二步，成为职场亮点。如何巧妙地揽功呢？在向领导邀功时，把功劳归于领导和团队，与此同时，巧妙地提到你在其中的贡献。简单来说，就是：“这是大家的功劳，我只是在其中做了些微小的贡献。”如此一来，领导会记住你，同事会感激你，你也能由此成为职场亮点。

第三步，把同事当队友。同事确实是你的竞争对手，但更多的是你的合作伙伴。在一个合作组织内，多一个朋友永远比多一个敌人好，你不妨试着赞美同事，从而获得对方回报式的赞美。

第四步，学会感谢他人。每逢颁奖季，我们都会听到获奖人不厌其烦地说着："感谢我的导演，感谢我的经纪人，感谢剧组同事，感谢父母，感谢……"这些话听着似乎很虚伪，但对于被感谢的人而言，却是一种安慰。因为领奖的可能只有一个人，但当他在台上感谢自己时，就会感到与有荣焉。

## 6.6 / 敢把习惯坚持下来，能把习惯坚持下来 /

在很多女士看来，成为家庭主妇是一件令人绝望的事情。每天就是奶娃、洗衣、做饭、搞家务……这样的生活简直毫无希望。每天老公回家后，不停地絮叨着邻居的家长里短。人生最大的乐趣似乎不过是在超市打折时，抢到不错的便宜货。

但爱丽丝·门罗却不同，同样作为家庭主妇，但她每天都会抽出一点时间来，散步5公里，并做些创作。她坚持写作，但她小说的主题也不过是个人的生活经历，以及在与邻里主妇的交流中，对于爱情、婚姻、生活的感悟。

正是这样的坚持，最终让爱丽丝成为2014年诺贝尔文学奖的得主。

坚持一个习惯当然不一定能够成功，比如另一个作家，他同样坚持跑步和写作，但却长期“陪跑”诺贝尔文学奖，他就是村上春树。虽然未曾得奖，但正如曾经的莱昂纳多·迪卡普里奥，村上春树同样是当之无愧的“无冕之王”，没有获奖并不能否定他们的成功。

但如果是处于职场的我们，敢把习惯坚持下来吗？又能把习惯坚持下来吗？很多人在听到这个问题时，大概就已经在心里打了一个大大的问号，甚至是“×”号。

有好的职场习惯，但只有在不断的坚持中，才能将我们塑造为职场“老司机”。但很多人却哀号着“不敢”或“不能”。

首先，不在于敢不敢，只在于想不想。

“道理我都明白，但我就是做不来。”为何做不来？答案却是“不敢”。坚持习惯的前路上，并没有洪水猛兽，为何会“不敢”呢？

第一，不敢放弃旧习惯。

新习惯的养成，往往意味着抛弃旧习惯。但习惯一旦养成，再想矫正可谓千难万难。正如列宁同志面对革命之难所说：“最可怕的是千百万群众长期形成的小农经济习惯。”我们想把习惯坚持下来，但一想到所要抛弃的习惯，往往就会喟然叹曰：“不敢。”

与许多二十五六岁的男士一样，小陈也面临着结婚买房的难题。由于家里条件较差，想要买房大概只能靠自己挣。于是，小陈制定了完整的职业规划和储蓄计划。但在对现在的消费分布进行分析时，小陈却遇到一大难题，那就是烟钱。

小陈是个烟龄八年的烟民，每个月的烟钱大概需要花费六百元——小陈月收入的八分之一。可一想到节省烟钱意味着戒烟，小陈就叹息一句：“戒是戒不掉了，少抽点吧！”

戒烟很难吗？确实很难。但如果下定决心，仍然很难吗？其实，是不难的。然而，很多人一想到这件事，无需思考就是一句：“难！难！难！”这只是他们拒绝戒烟的理由而已。

在养成好的职场习惯上同样如此，与旧的坏习惯告别很难吗？确实很难。但如果下定决心，仍然很难吗？

第二，不敢面对朋友圈。

一个新习惯的养成，就意味着一种新的生活节奏。但在我们现有的生活节奏上，却已经培养出一个成熟的朋友圈。而为了坚持新习惯，却可能意味着离开这一朋友圈。

家庭主妇可能已经习惯处理家务、家长里短、麻将搓起……此时，如果其中一位说：“我决定不再这样，以后就不怎么跟你们搓麻将了，聊天的时间也会少。因为我要写书，我要跑步……”她将面对的眼神，也可想而知。

然而，如果是真正的朋友，他会支持你改善自我的计划。

如果你告诉朋友：“我决定开始戒烟。”他却阻止道：“戒不掉的，别戒了。”那他只是你的烟友，而非朋友。

如果你告诉朋友：“我周末都要看书。”他却说道：“看什么书，出来high啊！”那他只是你的损友，而非朋友。

我们都珍惜朋友圈，但如果朋友圈成为提升自我的阻碍，那你就要重新审视一遍，这是否是一个值得珍惜的朋友圈。

其次，不在于能不能，只在于会不会。

“我很想坚持下来，但就是坚持不下来。”把好的职场习惯坚持下来，确实很难，当你始终无法坚持下来时，不妨先停下来，看看自己的方法是否正确。

第一，开始时慢一点。

当你开始坚持一个好的习惯时，不要妄想自己能一步到位。就像一个宅龄10年的宅男，突然每天跑5公里，相信我，不过三天，他就会恢复原状。在开始的时候慢一点，从每天散步1公里开始，这样才能慢慢坚持下来。

坚持习惯最重要的阶段就是刚开始，因为此时我们都会在“三分钟热度”下动力十足，但一旦热度过去，失去了新鲜感之后，面对高难度的新习惯，我们可能就会懈怠，然后逐渐放弃。

因此，学习英语的第一步大多从背单词开始，每天背5个单词，看起来很简单，做起来也很简单，新的习惯也就这样简单地养成了。

开始的时候慢一点，我们既能逐渐养成习惯，也能够在每天的坚持下，不断获得自豪感。或许坚持做的事情难度不大，但长此以往，当习惯养成，我们也会拒绝节奏被打破。

第二，设定短周期。

我们的坚持目标当然不止于每天散步1公里，或每天背5个单词，但想要达成每天跑5公里的目标，我们也要循序渐进。

为此，我们可以制定一个详细的计划，并设定一个个短周期。举例而言，我们要养成早点到公司的习惯，不如这样做：阶段一，最少不迟到，持续时间一个月；阶段二，最少早到5分钟，持续时间一个月；阶段三，早晨自制早餐，最少早到15分钟，持续时间一个月……

当我们准备养成新的好的职场习惯时，可以先从比较容易的任务开始，并为之设定一个短周期。当周期结束之后，我们就能够养成一定的习惯，并进入相应的节奏。此时，我们就能进入下一周期，提高任务难度。以此类推，我们就能实现螺旋式的上升。

Optimum Position

# 第7章
# 做聪明的“刺猬”，弹性距离不能少

## 7.1 / 适者生存，无实力就别老想改变环境 /

2016年7月，一个微信公众号发布“4小时后逃离北上广”活动：“从现在开始的4小时内，赶到北京、上海、广州3个城市的机场”。活动称，在机场一共准备了30张马上起飞的往返机票，终点是30个“未知但美好的”国内旅行目的地，先到先得。活动一经推出，立即引发疯狂传播，在半天的时间里，该微信阅读量就超过百万。

“逃离北上广”的话题由来已久，在一批又一批年轻人涌入北上广的同时，也有很多人则在“逃离北上广”。2017年春，因为一则“清华学历不如学区房”的新闻，“逃离北上广”再次引发热议。

其实，“逃离北上广”的原因无非三点：

其一为购房压力，房价的不断上涨，让很多年轻人感觉在北上广定居无望，在“有房才有家”的普遍思维下，很多人因此回到房价较低的家乡，从而规避购房压力；

其二为工作压力，北上广作为中国经济发展的龙头城市，在激烈的职场竞争下，就业压力、工作压力居高不下，相比之下，在其他“宜居城市”工作，无疑更加舒适；

其三为生活压力，在快节奏的工作与高压力的生活下，在一线城市工作很容易让人身心俱疲，很多白领甚至难得享受一次完整的周末，每天都处于急躁与焦虑的情绪下。

然而，纵使“逃离北上广”的言论甚嚣尘上，已经超过10年，但大批的职业精英仍然扎堆北上广。甚至与“逃离北上广”相对的，很多人在“逃离”之后，又选择“逃回北上广”。

为何在“逃离”之后又要“逃回”呢?

这背后的原因也很充足：

首先，生活压力，与预期不同的是，即使在二三线城市，物价水平也并没有明显的缩减，但收入水平却下降明显，这就使得二三线城市的生活压力相对可能更高；

其次，工作压力，北上广的就业竞争激烈，但就业环境相对公平，反观小城市，“拼爹”“靠关系”则成为常态，在竞争一份工作机会时，获胜的往往是“关系户”；

最后，发展有限，如互联网、金融、IT等高科技产业，往往都聚集于一线城市，小城市的就业机会大多是传统行业，因此，在小城市也缺乏足够的发展空间。

面对北上广，我们到底是“逃离”还是“逃回”？

每个选择都有其合理性，关键其实并不在于北上广，而在于你自己。适者生存是自然界的基本生存法则，如果你没有实力，那无论怎样改变环境，你的处境其实都没有差别。

无论在北上广，还是小城市；在朝阳行业，还是夕阳行业；在核心部门，还是支持部门。只有融入其中，你才能够发挥自己的价值。

绝大多数职场人都能认清这一点，每个大环境都各有优劣，关键在于你是否合适，因为你无法改变。然而，当我们把话题缩小到微观层面，在一个团队当中，面对差强人意的环境，你又该如何？

首先，你有改变的实力吗？

假设你有午睡的习惯，中午没有休息，下午工作就没有精神。

你以应届生的身份进入一个新的团队，而这个团队的成员午休时间都很“high”，甚至看到你睡觉，喊你“起来一起high”。你能怎么办？告诉他们：“我需要午睡，你们中午可以安静点吗？”你可能从此就被边缘化。如果你向领导提意见呢？你肯定从此被边缘化。

换一种情况，你以领导的身份进入一个新的团队，面对这些午休时间精神亢奋的下属，你能怎么办？你告诉他们：“大家中午最好还是休息一下，这样下午好保持状态。如果不休息的话，小声一点，不要打扰别的同事休息。”他们会听话地回答一声“好的”。

职场人很难遇到一个完全满意的职场环境，但每个人都在追求这样的环境。然而，想要实现这样的目的，就需要实力作支撑，即足够的领导权力或能力。

改变职场环境，并不一定需要你具有领导地位，如果你能在潜移默化中改变他人来适应你，这同样是一种实力。但如上二者，你是否具有呢？

其次，你有适应的能力吗？

正如想要留在北上广并取得发展，你就要适应各种压力，并改变生活习惯，想要在职场中有所作为，你同样要适应环境。如果你没有改变环境的实力，就一定要有适应环境的能力。

职场生存不易，每个职场人都如一只刺猬，有着各种各样的性格。在职场环境下，有时候并不存在谁对谁错的问题，可能只是相互不适合。当你没有改变环境来适应你的实力时，你就要做一只聪明的“刺猬”，让自己适应环境。

如何适应职场环境呢？关键在于心态的转变，在职场，你要学会掌握两种心态：

其一，学会欣赏。“看人看事，多看优点”，如果你总是聚焦于职场环境的各种不足，团队同事的各种缺陷，那你当然会总是想着改变环境。子曰：“三人行，必有我师。”如果你能学会欣赏环境，就能够更加舒适地工作，而不至于“看谁都觉得不爽，想到上班就觉得烦”。

这家公司既然能够存活于市场，自然有其优势所在，或是资产规模，或是现金流，或是技术；你的同事既然能够赢得这份offer，肯定有其优异之处，或是工作能力，或是工作热情，或是人际关系。

其二，学会包容。职场人就如一只刺猬，我们都要做一只聪明的“刺猬”，让自己能够融入环境。但总有人有意或无意间露出自己的“刺”，被刺多了、扎疼了，你也会对同事或环境产生排斥心理。此时，不妨学会包容，毕竟，他们还只是不聪明的“刺猬”。

相比于欣赏别人的优点，包容他人的缺点更难。在很多人看来：“同事只是同事而已，又不是朋友、亲人，为何要这么包容？”原因就在于，如果不学会包容，你们就无法维持良好的合作关系，也就无法在合作中创造价值。

## 7.2 / 即使最好的同事，也要周全的礼数 /

吴越和陈浩是办公室里的一对“好基友”。但这一天，王振月却觉得办公室里似乎有什么不对，仔细想了想，原来是少了吴越和陈浩的互相吐槽。王振月向另一位同事问起，才明白发生了什么事：

前一天晚上加班的时候，吴越正在用电脑版微信与人聊天，陈浩过来找吴越有事。吴越可能是在聊比较私密的话题，就把笔记本屏幕合上一些，但陈浩却起了玩笑的心思，借着工作的话题把笔记本屏幕打开。此时，吴越想拦也没来得及，谁知陈浩不仅盯着微信聊天界面看，甚至还把其中几句暧昧的话念了出来。虽然声音不是很大，但吴越也因此恼羞成怒，与陈浩吵了起来，直到旁边的同事赶来劝解。

吴越与陈浩的关系一直很好，总是互相开玩笑。但就是这么一件事，让二人进入“冷战”中，吴越觉得自己的私人空间被侵犯，陈浩则认为吴越有些小题大做、斤斤计较。

职场关系最为复杂，它不像朋友之间那么单纯，在合作关系之中，又存在利益竞争。因此，想在职场交朋友，很难；想让这种友谊关系长存，更难；想与职场好友亲密无间，不可能。

当一群刺猬聚集在一起时，刺猬之间或许会产生友谊关系，距离不断拉近，但这也意味着双方都随时有可能被“扎疼”。如果长期保持友谊关系，甚至达到“亲密无间”的地步，那就可能不只是“扎疼”，甚至会“刺死”。

职场友谊并非不存在，事实上，如果可能的话，我们要尽量与更多同事交朋友。但即使是关系最好的同事，弹性距离也不能少，礼数更要做到周全，否则，你们的友谊关系也会就此崩塌。

礼数一：切勿“知无不言,言无不尽”。

朋友关系的建立都是从交谈开始，通过交谈相互了解，并达成共鸣，进而成为朋友。然而，即使是朋友，也不要傻乎乎地“知无不言，言无不尽”，这种做法可能不仅不能促进你们的关系，反而会给双方造成损害。

职场的朋友关系与朋友关系有着明显的差异，有些事情朋友知道可以，但职场朋友知道，却可能引发矛盾。

最典型的例子就是薪资，即使工作经验相同、岗位相同，同一团队的两个人薪资也可能不同，甚至差距明显。当你们开诚布公时，薪资较低的人也可能感到不平衡，虽然定薪的是公司，但这种间隙却会产生在你们之间。

你可能觉得这种间隙影响不大，但你要明白，职场上的任何事都会被所有人知道。如果你的薪资是团队内最高的，他们自然会下意识地关注你：“他有什么能耐，比我们多拿这么多。”甚至会引发“多得自然要多劳”的逻辑。

除了薪资之外，其他话题同样如此。你与最好的同事聊的任何职场八卦，他都可能与他最好的同事聊起，最后传到八卦主角那里；你与最好的同事说的任何小道消息，都可能传遍整个团队，如果最后出现偏差，你会被同事指责，如果最终领导确认，你会被领导指责……

礼数二：保护双方的私人空间。

每个人都有自己的私人空间，这应当得到最高的尊重。因此，即使是面对最好的同事，也不要侵犯他的私人空间。当他们在聊微信或打电话，做着比较私人的事情时，请尽量回避，否则，即使你没有看到什么、听到什么，他们也会产生不安全感，觉得自己的秘密被你知晓。

在保护他人的私人空间时，我们也要注重对自己私人空间的保护。尤其是对于自己的私事，最好不要透露太多——如果你不想让全公司知道的话。

程慧曾经在成都工作3年，但今年却来到了深圳。进入新的职场，程慧也被安排了一位老员工作为“师傅”，在学习工作流程的过程中，二人也会闲聊。

当被问及为何离开成都来深圳时，程慧也实话实说：“之前在成都时，与前男友已经订婚，甚至男方把婚房都已经买好，房本上也有自己的名字。但后面因为一些矛盾，二人分手了，虽然已经领证，但却没有举办婚礼。一方面是感情纠纷，另一方面则涉及离婚和房产纠纷，闹得很烦，就来深圳了。”

于是，几乎整个团队的人都知道：“程慧与人离婚，因为房产分割问题，跑路来深圳。”程慧也感觉到，团队里的人看自己的眼神都有些怪。

礼数三：不要乱开玩笑。

很多人以为玩笑是一种增进双方关系的加速器，认为幽默就是开玩笑。但却并非如此，如果掌握不好玩笑的尺度，一个玩笑，可能就变成双方关系崩盘的导火索。

在职场开玩笑时，我们要掌握这样四个忌讳：

第一，不以缺点开玩笑。即使关系很好，也不要拿同事的缺点来开玩笑，比如胖、矮、口音等。有些人可能不介意，但多数人都不喜欢别人取笑自己，这种玩笑话可能会被认为是冷嘲热讽。尤其当对方比较敏感时，你的玩笑甚至会惹怒对方。

第二，不和领导开玩笑。领导永远是领导，他们需要维护自己的权威。因此，无论你与领导在职场关系有多好，还是在职场外就有同学或朋友关系，也不要与领导开玩笑，尤其是在其他同事在场时，否则，为了维护领导权威，你们的友好关系可能会被强行终止。

第三，不用捉弄开玩笑。恶作剧是比较常见的一种玩笑方式，但若非比较亲密的关系，这种恶作剧往往会被认为带有恶意。即使你事后解释清楚，但它也失去了玩笑的作用，反而会让对方觉得不可理解。因此，不要把捉弄当作开玩笑的手段，某些情况下，捉弄同事甚至会危机你的饭碗。

第四，和异性开玩笑要适度。玩笑确实能够有效调节职场氛围，异性同事之间的玩笑同样如此。但在与异性同事开玩笑时，一定要注意度。尤其是不要随便开黄色玩笑，或说荤段子，这种玩笑一方面会损害你的人格形象，如果严重甚至会被举报为性骚扰。

## 7.3 / 没做好还想得个笑脸，做梦吧 /

如今，职场越来越多元化，越来越多的公司开始注重员工的发展和感受，这是公司走向以人为本的好的转变。然而，即使公司如何吹嘘“以人为本”，你也不要真的以为自己能做公司的主人。

一位资深HR在分析新一代求职者时说道：“他们和十年前甚至五年前的求职者不同，曾经更多的人把工作看成是切实的饭碗，没有工作就要饿肚子，所以他们谦卑且努力。而如今的求职者更多的是在乎自身的感受，把自己的工作感受凌驾于公司的利益至上，哪怕有一点成绩，甚至只是自己眼中的成绩，也需要公司为其鼓掌喝彩。”她直言，这样的求职者，是她最不愿意招进公司的人。

朱晓雅是一家物流公司业务部门的主管，在公司业务初步启动时期，朱晓雅便进入了公司，当时部门员工仅五个人，朱晓雅凭借和人事经理的朋友关系，成为公司主管。但实际上朱晓雅在这个行业的经验不足一年，这样的晋升对她来说，是幸运的。

然而，朱晓雅却开始沾沾自喜，得意忘形起来：不仅没有虚心恶补自己在知识上、技能上的不足，反而为了部门成绩压榨下属：强制下属加班，并将所有的计划和报表都交给员工去做，提交给上级的时候改成自己的名字，坐享其成。即使下属都因此对她怨气冲天，朱晓雅也全不介意。

没过多久，人事经理主动找朱晓雅聊天，暗示她这样做不行。但朱晓雅此时却完全听不进去，反而和当初的好友直接翻脸。走出人事办公室，就去老板那里哭诉自己的辛苦，即使没有功劳也有苦劳：“部门在她的带领下，业务数据直线上升，说明自己领导有方等。”老板听后只是简单抚慰了几句，这让朱晓雅感到不满。

但朱晓雅不知道的是，她的所作所为，老板早就清楚，事实上，人事经理之所以找她谈话，正是因为老板在与人事经理的沟通中，透露出想要换个业务主管的想法，因此，人事经理才想让朱晓雅好好表现，但却导致对方直接翻脸。

“没有无缘无故的爱，也没有无缘无故的恨。”在职场上，如果同事对你都没有笑脸，不要急着腹诽职场环境，先想想自己有没有做好。

当你进入职场时，即使没有人提醒，你也会记得一点，那就是“与人为善”。职场处理人际关系的最基本方法，其实就是“笑脸迎人”，纵使你不愿与同事产生过多交集，但当同事主动与你打招呼时，你大概都会笑着回应。

那么，为何在微笑成为“基本法则”时，你却得不到同事的笑脸呢？为何在公司都倡导“以人为本”时，你仍得不到领导的笑脸呢？

是因为同事不爱笑，领导不爱笑？还是因为这个职场就是这样的文化环境？答案其实你早就清楚，是因为你没做好。

如朱晓雅一般，自身没做好，却不自知，一直抱着“劳苦功高”的态度，甚至想要凭此掌握与老板正面抗衡的话语权，这无疑是痴人说梦。在公司创业初期，或许因为资金有限，或者因为人才难找，老板愿意聘用一位不太满意的员工，但随着公司不断稳定，这位员工仍然没有任何成长，甚至引起整个团队的反感，她的结局当然早就注定。

在职场上，如何收获同事的笑脸，方法其实并不难：

首先，做好本职工作。

同事之间的关系是合作关系，上下级之间则互为支撑，而每个人的基本职责就是做好本职工作。如果你连本职工作都做不好，作为职场新人，你或许可以得到谅解与帮助。

然而，如果长此以往，你都没有任何提升，这当然会引起同事的反感，因为你的能力不足，会影响到他人，甚至同事要因为你能力有限承担更多的职责，领导要因为你能力有限背上更多的黑锅。在这种情况下，你还想赢得同事、领导的笑脸？换你，你愿意对这样的同事微笑吗？

其次，主动参与聚会。

每个公司都会举办各种各样的团建活动，从而提升团队凝聚力，如果每次团建你都不参加，甚至工作日午餐都看不到你的身影，那同事对你的认知就很简单——不合群。

而对待一个不合群的同事，没有人会浪费精力要求你合群，大家的回应也很简单——满足你不合群的态度。

最后，微笑对待同事。

当同事早上到公司笑着对你说“早安”时，你是否会热情回应？或者说，当你与同事相遇，别人注视着你并微笑时，你是否会回以微笑？这在很多人眼中是理所当然，但职场中同样存在一些人，他们会转移视线、盯着手机，假装没看见，这时，对方的想法就是：“你是不是对我有意见？算了，不为了你影响心情，以后不对你微笑了。”

相反，如果你每次都主动对同事微笑，那么，即使他本身不愿意理睬，也会给予回应。时间久了，脸熟了，你们的关系也会从微笑开始，变得更加亲密。

## 7.4 / 都是职场的“狐狸”，玩什么聊斋 /

《聊斋志异》全书共491篇故事，其中就有83篇故事描写狐狸精，因此，《聊斋志异》又被称为《鬼狐传》。而每一篇关于狐狸精的故事，其实都是一篇关于男女关系的故事，其中既有爱情，也有情欲，既有忠诚，也有背叛。

《聊斋》的故事让人着迷，但在满是“狐狸”的职场，再玩什么聊斋，就毫无乐趣可言，反而是自寻烦恼。

我们每天都有三分之一的时间在职场度过，而在办公室内，最复杂的问题当数两性关系问题。在男人与女人的相处中，总会擦出情欲的火花，它有可能演变为爱情，也可能害人害己。如何处理好职场的两性关系？最基本的原则就是敬而远之、泰然处之。

对待职场两性关系，为何要如此避之如虎？分情况而论。

情景一：暧昧。

刘慧美今年刚从学校进入职场，令她感到幸运的是，有一位男同事对她很好，经常给她带早餐，平常也会帮她收快递。在一次一起叫外卖之后，虽然男同事一直说“算了”，但刘慧美还是加了他的微信给他如数发了红包。

就这样，两人的关系越来越近。有时候加班，这位男同事还会把她送到小区楼下。

到此为止，这种关系就叫暧昧。因为这位男同事从未表白过，虽然在二人的相处中，每一个眼神，甚至每一个肢体语言，似乎都暗含情愫。两人也曾有过一些简单的身体接触，但他们却都从未挑开话题，谈论过这种关系。

对于刘慧美而言，这段关系挺好，因为有个很照顾自己的男同事，融入职场很顺心；对于男同事而言，这段关系也挺好，因为暧昧关系止于办公室，完全“有机无公害”。

就在这样惬意的暧昧中，突然有一天，男同事请假没来，刘慧美安心工作时，一位陌生女士冲到她的办公桌前，甩下一句：“就是你个狐狸精，勾引我老公？”

情景二：恋爱。

让时间回到过去，伴随着刘慧美与男同事的关系越来越近。有一次加班之后，男同事把刘慧美送到小区楼下，就在临别之际，男同事突然表白。一夜之后，二人确立恋爱关系。

在之后的工作中，刘慧美与男同事配合得倒也算默契，每当刘慧美有什么困难时，男同事都会快速帮她解决。午休时，男同事都会带着她出去“开小灶”，在公司周围逛逛、聊聊，到下午快上班时再回来。刘慧美觉得工作很开心，恋爱也很开心。

然而，当两人甜蜜地沉浸在二人世界时，有一天，公司领导却找来二人分别进行单独谈话。谈话的结果就是，刘慧美辞职走人——因为办公室容不下恋爱关系。

其实，领导并非如此无情到“看到鸳鸯就打”，只是当刘慧美所有工作难题都由男同事解决时，刘慧美自然无法创造与工资相匹配的价值。当这段恋爱关系限制到员工的成长，甚至是团队价值的创造，领导做出这样的选择也情有可原。

但悲剧却在刘慧美身上上演。在刘慧美“为爱辞职”后的三个月，男同事以“性格不合”为由，向她提出分手。一段情感关系就此结束，而她当初的“为爱辞职”看起来也似乎只有可笑。

情景三：婚姻。

时针再次倒转……在刘慧美与男同事确立恋爱关系之后，两人的情感一路升温，在一年后，执手步入婚姻殿堂。

最初结婚时，同事们还都表示祝福，但随着时间的推移，刘慧美却感觉到不对，周围同事似乎都在排斥他们夫妻俩，以前的熟络关系也变得生疏。

刘慧美百思不得其解，但原因却很简单：因为她俩是“一家人”，而在职场这个竞争与合作的团队关系下，“一家人”显然具有更大的竞争优势，这就导致部分同事下意识地站在她们的对立面；而另外一些同事，则单纯地觉得每天在办公室看着二人“腻味”，觉得“腻味”。

无论如何，刘慧美还是决定坚持下去，但让她感到悲伤的是，自己的婚姻关系也开始出现裂痕。原本每天下班回家都有聊不完的话题，但现在每天回家，就感觉回到另一个地方办公，除了工作，二人竟找不到其他的话题可聊。

情景四：性骚扰。

让我们把时间调回最初。当男同事开始主动献殷勤时，刘慧美直接表示拒绝：“以后我自己买早餐就好，谢谢！”“以后我自己拿快递就好，谢谢！”“我已经点过外卖了，谢谢！”

然而，事情并未就此停止，这位男同事仍然纠缠着刘慧美，上班时总是对她开些黄色玩笑，下班之后也会频繁发微信给她——即使她不理不睬。最为过分的是，有一次公司聚会，这位男同事竟然借着酒气搂住刘慧美，对着她的耳朵吹气。

刘慧美在第二天就向领导举报，称这位男同事“性骚扰”，并展示了微信记录等一系列证据。但在与他对质时，他却只是淡淡地说了一句：“只是开开玩笑而已，别太当真了。”

领导的最终处理结果是：将男同事调到其他团队——仅此而已。刘慧美就此愤然离职，并将整件事情发布到微博，引起了网友的热议。后来，公司迫于舆论压力，将这位男同事开除，公司也因此名声大臭。

职场的两性关系很难把握，因为职场关系本身就很复杂，在合作中有竞争，在友谊中有对立。如果再掺杂进来两性关系，几乎没有人能够妥善处理，而一旦两性关系进一步发展，结局大概会让你后悔。

《聊斋》的故事确实让人着迷，但你如果想在职场上演《聊斋》故事，那就要做好被“谋财害命”的准备。都是职场的“狐狸”，何必把自己送到别的“狐狸精”的嘴边呢？此时，你眼中所谓“超友谊”“爱情”的火花，或许只是引线的烟火，而引线的终点，就是你职场的终点。

## 7.5 / 别拉帮结派，要攀团队 /

即使大家都在一个团队当中，但我们总能看到一部分同事，他们工作在一起、吃饭在一起、下班一起走，职场之外还会组织各种聚会，而我们则像是旁观者，这一切总是与自己无关。这就是职场拉帮结派的表象。

在一项关于职场“拉帮结派”问题的调查中，观察到“拉帮结派”现象的人占比高达85%。而对于这一现象，大多数人都持否定态度：66%的参与者表示，有时会感觉自己被他们排斥，或是被孤立；50%的参与者表示，拉帮结派不仅对工作没有帮助，反而会损害职场氛围。

“有人的地方就有江湖”，但在职场“江湖”上，面对各种各样的“帮派”，我们该如何选择，加入哪个帮派，或是保持中立？

第一步，认清“帮派”本质。

在做出选择之前，我们要先弄明白，为何要在职场上拉帮结派？

表层原因很复杂，可能无法一一说清，但深层原因早在几千年前就已经点明——“君子和而不同，小人同而不和。”这句话中的“和”，即和睦，“同”，即同党。也就是说，君子之间和睦相处，却不会拉帮结派；小人之间会结党营私，却无法和睦相处。

主动拉帮结派的同事，往往都有较强的表现欲望，希望获得更高的权力或更多的利益，但其个人能力却无法支撑这种欲望，因此，他们才会主动拉帮结派。“帮派”对于他们的意义只有三点：

其一，通过将同类人群聚集在一起，凭借“帮主”的地位获得精神满足感；

其二，面对能力强于自己的人，可以纠集“帮派”的能量予以打击和压制；

其三，借助“帮派”的力量，在职场获得更多的话语权和信息源，从而获利。

正是因为“帮派”的本质如此，拉帮结派必然导致团队内耗，破坏团队氛围、搞“隔离主义”、抢功卸责。每个公司都非常忌讳和防备拉帮结派的现象。

而对于“帮派”成员而言，加入“帮派”的意义，除了抱团取暖之外，几乎没有其他积极意义。除非当“帮派”得势时，可以享受“鸡犬升天”的待遇；但在各级领导的忌讳和打压中，最大的可能却是“一损俱损”。

因此，当你认清“帮派”本质，就应当远离拉帮结派，以免还未收获到实质利益，就被“帮派”牵连。

第二步，应对“帮派”拉拢。

当“帮派”主动拉拢你加入，或与你亲近时，你该如何应对呢?

为了避免成为“帮派”的打压对象，你当然不能直接拒绝。即使内心是拒绝的，但你的身体也要表现出迷茫的样子。

首先，大智若愚，切勿得罪。即使你拒绝加入“帮派”，对拉帮结派的行为也很反感，但在与对方的接触中，你也要假装什么都不知道，揣着明白当糊涂，以免直接拒绝会得罪“帮派”。加入“帮派”或许无法为你带来实质性的利益，但得罪“帮派”，却会为你的前路设置太多的阻碍，直到“帮派”被领导解决的那一天。

其次，听着就好，看着就好。面对“帮派”的拉拢，你听着就好；而对于“帮派”的互殴，你看着就好。无论他们如何互相诋毁、斗争，你只需做个旁观者，不参与、不指责、不支持。职场“党争”最后几乎都以两败俱伤收尾，而你的任何参与，都可能受到牵连。

第三，等距交往，一视同仁。在职场上与同事保持弹性距离，一直是一个难以解决的课题。当你无法与每个同事保持最合适的距离时，不如就采取等距交往的方法，对所有同事一视同仁。既不会远到成为职场边缘人，也不会近到被看作拉帮结派。

最后，适当示弱，以免遭妒。“帮派”的本质就是通过打击和压制能力强的同事，进而牟取自己的利益。如果你表现得过于招摇，可能就会招到“帮派”的嫉妒，而被打击。因此，在平时适当隐藏你的实力，而在与“帮派”接触时，也要表现得毫无心机，什么都不知道。

第三步，攀上团队大树。

在团队这棵大树上，所谓的“帮派”其实只是一群顽皮的猴子；他们闹得最欢，但等到大树被他们闹倒之后，他们也是跑得最快的一群。

“帮派”的本质在于追逐损人利己，但最终结局大多是损人不利己；而团队不同，团队是依靠所有成员的通力合作，创造更大的价值，从而带动每个成员走向成功。

因此，与其学人拉帮结派，不如一直牢牢地攀在团队这棵大树上。很多人认为，职场上同样是“会哭的孩子有奶喝”，但在对待拉帮结派这个问题时，所有参与者都会被打上“帮派”标签，而被放在资源分配的第二序列。

毕竟，资源分配到“帮派”中，相当一部分会被用于内耗。

相比于此，领导当然更愿意将资源交给一心一意攀团队的员工。

在职场上，你要做只聪明的“刺猬”，与所有同事保持弹性距离，与此同时，不要将你的忠诚交给任何“帮派”。即使对谁忠诚，也请对团队忠诚，因为你可以跟随团队一起成长，并为公司创造效益，而公司才是那个发你工资的人。

## 7.6 / 能赞美，会赞美 /

卡内基曾说过：“我能让你做任何事情的唯一方法，就是把你想要的给你。”那么，你想要什么呢？如果要说有什么所有人都想要，那一定少不了赞美。没有人不想被赞美，赞美也是打动人心的最佳礼物。

那么，套用卡内基的话来说：“我能让你做任何事情，如果我赞美你。”这个逻辑成立吗？当然成立，但关键在于，你能不能赞美，会不会赞美？

刘菲的斜前方坐着董珍妍，她们都从事着电话客服的工作，虽然平时交流很少，但刘菲却一直看董珍妍不顺眼。

因为董珍妍虽然平时很随和，但在与客户的沟通中，经常因为一些事情产生情绪，或是声音很大，或是说话很急。刘菲之所以看不顺眼，倒不是觉得董珍妍这样影响客户体验，而是觉得自己的正常工作受到干扰。

因此，刘菲就向坐在对面的同事唐颖求助：“你能不能跟她说说，让她改改这个毛病，要不下次再这样，我可能要发火了。”唐颖答应下来。

过了几天之后，董珍妍果然没再发这样的脾气。刘菲很好奇，询问唐颖是怎么做到的，唐颖回答道：“我也没做什么，我只是告诉她‘同事们都觉得你很温柔，平时说话都细声细语的，大家都很喜欢你，常常夸你’。”

唐颖丝毫没有谈及对客户脾气不好的事情，但董珍妍却改正了这一点。为什么呢？其实董珍妍也没想太多，她只是觉得，既然大家赞美自己“温柔善良”，那自己就要符合这样的赞美，努力表现得更加“温柔善良”。

在这种情况下，如果你直接向对方提出：“你电话的时候态度不是很好，能不能收敛点，因为会吵到我。”那对方即使不反驳你，也会在答应下来之后，心里对你产生情绪。

在处理职场关系时，能通过赞美解决的问题，我们一定要选择赞美。然而，赞美虽然是有效的职场关系处理手段，很多人却在多番尝试后，沮丧地说：“我不会赞美。我的赞美都没有发挥作用，到底该怎么赞美呢？”

刘菲就曾经向唐颖提出过这个疑问，唐颖的回答是："怎么会呢？你的声音很好听啊，如果你赞美我，我一定会很开心的。"刘菲仍然挠着头说道："声音好听有什么用呢？我得向你这样会说话才行啊。"唐颖笑着说："你看，你这样赞美我，我就很喜欢啊。"

前提，平常心对待。在学习如何赞美别人之前，我们首先要学会以平常心对待赞美。赞美他人确实能够获得他人的好感，但我们却不能为了赞美而赞美，这种目的就会让我们的赞美带有功利性，这样一来，我们赞美的效果也将大打折扣。

也有人会因为赞美心理失衡："我总是赞美别人，别人总是赞美别人，为何我得不到赞美？"赞美不是公司福利，不可能人人都有。如果你得不到赞美，就要先反思一下：我的优点没有表现出来？

第一，赞美要诚心。赞美的关键是诚心，如果你心不诚，你的赞美在别人听来，就很虚伪，让人觉得这句赞美背后一定有什么功利性，毕竟，"无事献殷勤，非奸即盗"。所谓"殷勤"，正是巴结讨好的意思。

第二，赞美的用词。即使你诚心赞美，若用词不当、语气轻浮，也会被当作玩笑，甚至会引起对方反感，认为你是在挖苦、嘲讽。在选择赞美的用词时，要注意不要太露骨，语气也要显得真诚。

第三，赞美的时机。赞美同样要注重时机，不同的赞美要在不同的场合，一般而言，多在有第三方的场合赞美对方最好。但某些时候则不同，比如在同事失意时，你最好单独给予赞美，以规避其他人帮助他恢复斗志；而在提拔下属时，同样要选择人少的场合，以免其他员工心生妒忌或情绪低落。

第四，从细节入手。最好的赞美就是言之有物的赞美，如果你的赞美只是一句“你很善良”，那会显得十分空洞。在赞美他人时，最好举例说明，比如“你工作好认真，上次那个项目有个很不显眼的地方，你都能做得很好，你不说我甚至都注意不到。”

Optimum Position

# 第 8 章
# 职场总有弯路，没人听你抱怨

## 8.1 / 你的这些委屈别人都受过 /

职场似乎是很多人的第一“委屈源”，甚至很多人在职场上收获最多的，并非薪酬，而是委屈。因为职场而哭泣的大有人在，因为职场而买醉的比比皆是，但你哭过、醉过，然后呢?

职场人普遍会经历哪些委屈呢?

委屈一：工作不合兴趣。

只有从事感兴趣的工作，我们才能发挥最大的效能。但在现实职场，我们的工作却可能与兴趣相去甚远。

刘正楠如今虽然被冠以“刘叔”的称号，但在大学时，他却是名副其实的“文艺青年”，他最大的爱好就是读书、画画，写小说。因为画画的爱好和基础能力，刘叔大学选择了服装设计专业，但进校之后，刘叔才发现这个专业与自己的想象完全不同。

毕业之后，刘正楠为了不辜负大学所学，仍然选择了服装设计工作。但枯燥的设计、重复的流程、无处不在的抄袭，让刘正楠遭受到一次次打击。委屈了自己两年，刘正楠为了追寻自己的兴趣和理想，毅然离职。

此后的六年间，刘正楠经历了太多份工作，如广告策划、图书编辑、杂志专栏作者、插图师等等，而每份工作的工作时间都不足一年。这一年，刘叔已经到达而立之年，此时，他却陷入一个进退维谷的境地：进，无法从事感兴趣的工作；退，找不到一份稳定的工作。

如果工作不合兴趣，每一天起床，想到当天要从事的工作，对我们而言都是一种煎熬。然而，想要让兴趣与工作合一并非易事。很多时候，在你千方百计找到“感兴趣”的工作的过程中，你就已经“饿死”；即使坚持到找到，你也可能发现“并非那么回事”。

因此，在找到真正感兴趣的工作之前，先别让自己饿死，并在工作的过程中，认清自己的能力、兴趣，并据此制定一份完善的职业规划。

委屈二：职场环境残酷。

《纽约时报》曾经发布一篇文章，题为《亚马逊内幕：残酷工作环境中的比拼》，一位亚马逊前员工描述道：“走出会议室，你会看到一个成年人掩面而泣。几乎每个我共事过的人，我都曾看到过他们桌上的泪痕。”

一个高效的团队，是一个严厉的团队，身处其中，你也大概要体验挨骂的委屈。然而，就算又挨骂了，又怎样呢？

换个角度来看，如果你拥有“我不是大牛”的自知，但却未曾在职场上挨过骂，此时，你该为此庆幸吗？你认为这是一个理想的工作环境吗？

恰恰相反，身处这种工作环境，你要做的就是赶紧找到离开的机会。因为你的体验说明：你的团队里都是比你弱的人，这样的团队自然不值得留恋。逻辑在于：“在一个高效能的团队中，看着平庸的你做着差劲的工作，领导没有理由不骂你。”

委屈三：遭遇冷暴力。

相比于恋爱关系，职场关系更容易滋生冷暴力：

领导对你不理不睬，不表扬你的工作成就，不关注你的工作瑕疵，在你工作出错时却毫不留情；

同事与你毫无交流，即使擦肩而过也不会招呼一声，但在发送邮件时，却有意挑刺并抄送领导；

团队内部看似和谐，但在与你合作的项目中，却总会出现各种问题，谁也辨不明有意还是无意。

你感觉自己的工作处处受阻，但在遭遇这种“冷暴力”时，你是否尝试过开诚布公的沟通呢？

如果没有沟通，可能一切都只是你的敏感、误解，即使真的是职场冷暴力，你的处境也不会发生任何改变。与其如此，不如直接摊牌，理想结果是误会得到化解，处境得以改变，最差结局也无非是“分手”——总比拖着强。

一般而言，如果你遭遇职场冷暴力，而非“热攻击”，一定是基于某些需要刻意回避的原因。此时，如果你不主动捅破窗户纸，你受到的委屈必然会不断加深。

委屈四：被负面评价。

你开心地穿着新衣服来到公司，但你的同事看到第一句就是：“这什么衣服啊，你怎么会穿这个？”你会不会回家后就将它锁在衣柜里？

你认真地回答着新人的疑惑，但另一位同事却总是在旁边插嘴：“你这说得不对，明明应该那么做。”你会不会将新人推给这位职场大拿？

遇到这些情景，绝大多数人都会感到不爽，甚至委屈。然而，无论如何，我们永远不要被别人的评价控制，无论是负面评价，还是正面评价。

事实上，别人对我们的评价，或者对我们言行的解读，更多的并非反映“我们是谁”，而只是在表现“他们是谁”。就如一次捐款行为，有的人认为是“慈善”，有的人认为是“作秀”，有的人则认为是“受舆论所迫”。

如上种种委屈，你遇到过吗？你为此心伤，乃至难以排解吗？在遭受这些委屈时，难过是难免的。然而，其实这些委屈几乎每个职场人都受过。

无论身处国企、外企，还是民企、互联网企业，每个职场人都会承受各种各样的委屈。你以为，换个团队、换个职场、换个行业，这些问题就能解决吗？这种应对不仅无法解决问题，反而会让一切更糟。毕竟，从来没有什么问题，一味逃避即可解决。

那么，如何从这些委屈中走出来呢？正视并认可委屈的存在，然后适应它，或是挑战它，直到让你委屈的人或事物因此改变，或这些人或事物不再让你委屈。

## 8.2 / 总是一帆风顺，职场就到头了 /

经过五年的奋斗，你终于从一个稚嫩的应届生，成长为职场的“老司机”。你对如今的工作生活十分满意：每个新同事都尊称你一声“老师”，领导总是让你站到领奖台上……下班后、周末时，你或是与三五好友聚会，或是与心爱的人远游……

然而，你仍然身处基层、毫无存进，每月收入足够你聚会、远游，却支撑不了你的买房结婚、出国旅游计划。当你沉浸于这种一帆风顺时，你其实已经落入“温水陷阱”，你的职场实际上已经到头了。

很多时候，我们以为的一帆风顺，其实是因为身处一潭死水：公司勉强维持生存发展，每个同事都只想安逸，至于不想安逸的同事自然早已离职。你仍然停留于此，享受着新同事、老主管的“爱戴”，然而，这种工作与餐厅门口的迎来送往，似乎也没有什么差别。

此时，你不妨静下心来想一想：如果今后的几十年，仍然保持如今的“安逸”状态，你愿意吗?

在职场生涯，我们会与各种环境产生交集。有的环境让我们委屈不已，有的环境让我们激情满满，有的环境则让我们安逸舒适……在任何一种环境下工作久了，我们都难免被环境同化，甚至导致我们的适应能力退化，无法再适应别的环境。

而职场最常遇到的就是“温水”环境。有研究显示：在同一个岗位工作3年左右，无论工作环境原来如何，都会开始转变为“温水”环境，产生“温水煮青蛙”的效应。

之所以如此，因为在工作3年之后，你对公司同事已经非常熟悉，岗位工作对你而言也没有挑战，而工资也差不多已经上涨到该岗位的“天花板”。这其实就是很多职场人眼中的“一帆风顺”，然而，这种环境与其说是一帆风顺，不如说是止步不前。

有些人沉浸于此，觉得很舒适；有的人却能够看到“温水煮青蛙”的未来，但却已经没有勇气再接受更高的挑战：换个职场，融入全新的激情团队；换个岗位，承担更重的权利责任。

“温水”陷阱并非致命的，因为“这锅温水并不一定会烧开，你可能只是泡了个温水澡，而非被煮熟……”但“温水”陷阱的致命之处在于：你身处其中，却不自知，还以为是“一帆风顺”。

任何一个工作环境都有好有坏，我们很难找到一个完全适合自己的环境:既能给予你满足感、认同感，也能带给你成就感，而且有不错的薪资福利、管理制度……因此，适应职场环境很重要，但在适应之后呢？我们要看清楚：自己是否在不知不觉间落入“温水”陷阱。

为此，我们可以从以下四个角度进行自测：

第一，专业技能有无成长空间？

每份工作都需要一定的专业技能，但除却部分工作（如律师、医生等），绝大多数的工作涉及的专业技能并不多，可能只有那么一两种。对此，我们工作3年之后，就基本能够完全掌握。

此时，长远来看，如果你对工作所需的专业技能已经极为熟稔，而且这些技能也没有与时俱进的成长空间，你无需再通过学习来充实自己。那么，你就要提高警惕：职场竞争不进则退，如果没有成长，就意味着你的竞争力无法提高。

第二，所处行业有无发展空间？

行业有朝阳与夕阳之分，岗位也有核心与支持之别。如果你处于夕阳行业的支持岗位，比如家电厂的行政岗位，那身处其中，你可能确实十分安逸，但面对产能过剩危机，在行业萧条中，如果你的公司倒闭，你还能往哪走？

所处行业的发展空间，也会影响到专业技能的成长。因为夕阳行业往往没有太多创新点，你的专业技能自然也没有与时俱进的空间。而如果行业没有发展空间，你可能随时都有失业的风险：看看这30年间，有多少曾经辉煌的行业如今已经消失了！

第三，岗位待遇有无提升空间？

如果你在一家公司工作多年，岗位与待遇却一直停滞不前，那么，该是你考虑未来的时候了。因为所处行业不同，可能在入职时，你的工资就比同龄人高出很多。但几年下来，当同龄人的工资赶上与你相同时，你的工资还是那么多吗？

如果经过三五年的时间，你的岗位待遇都没有提升，再给你三五年时间，现状是否会发生改变呢？

第四，人际关系有无拓展空间？

从大学毕业之后，你的人际关系网络有多少拓展？

何玲已经毕业五年，她如今孤身在天津奋斗，她学生时代的挚友都遍布五湖四海，最近的一个“闺蜜”在北京。虽然如此，但每次有什么委屈时，她第一时间都会联系这些挚友，有时甚至会下班后直奔北京。

至于在这家工作已经五年的公司里，何玲也只有两三个关系还算要好的同事。何玲的部门有100多人，但时至今日，她仍然无法认全所有同事。这也难怪上次部门聚会时，她的领导甚至叫不出她的名字。

职场的发展，离不开人际关系的拓展。这里的人际关系并非转头就忘的“点头之交”，而是指能够真正交心或共同成长的对象。多认识一些朋友，不用太多的功利心，但在职场之路上，却可能因此得到意想不到的机会。

如果在一个职场环境下，总是一帆风顺，而当你自测之后发现：我的专业技能早已不再成长，我的岗位待遇也变化有限，我的人际关系也局限在一个小圈子里。那么，是时候逃离这锅“温水”了，否则，你的职场就真的到头了。

职场很少有真正的铁饭碗，即使是公务员、事业单位也同样如此，因此，职场发展离不开危机意识。在这个日新月异的大时代里，如果我们沉浸于所谓的“一帆风顺”当中，那等到我们被淘汰的那一天，我们可能都不知道背后的缘由。

## 8.3 / 工作越难做，越要好好做 /

与一帆风顺相反的是，很多人的工作却像是开启“地狱模式”：工作内容难，工作环境乱，工作氛围差，简直让人“怀疑人生”。然而，正是因为工作难做，我们更要好好做。

“What？难道我是受虐狂吗？”这大概是很多职场人的第一反应，但这其实才是对待工作的最佳态度——“工作虐我千百遍，我待工作如初恋”。如果无法好好做，又怎奢望把工作做好？

在众多职业中，销售被看作最难做的工作：客户难找，工时不稳定；底薪少，收入没保障。然而，所有顶尖的销售员，他们几乎都是业绩的“长跑冠军”。他们有时如何做到的呢？

因为在对待客户时，他们或许总是扮演领头者的角色，但在对待工作时，他们却是绝对的主导者。面对难做的工作，很多职场人的决心是“我一定要做好”，但他们的决心却在于“我绝不容许做不好”。

于是，他们运用时间管理、压力管理、人脉管理等一系列自我管理措施，不断提高工作效能，最终成为“top sales”。

如果经过深思熟虑，你决定从事这个岗位，并加入这家公司，那么，无论工作有多难做，请抱以“我绝不容许做不好”的态度，而不是在第一时间选择逃跑。然而，难处就在于：“我明明已经决定做这行，决定好好做，并努力去做，为何我还做不好？为何做好这么难？”

首先，摆脱自我损耗。

当考虑是否要从事这份工作时，经过深思熟虑，你最终决定坚持下去；

当考虑是否要做好这份工作时，不断加油打气，你最终决定一定做好；

当考虑如何能做好这份工作时，通过完善分析，你最终做出详细计划；

当着手开始工作，困难出现时，你已经没有足够的能量去应对，于是，你最终选择了屈服……

人的意志力是有限的，无论是下定决心，还是抵制诱惑，或是制定计划、着手工作，我们都在使用同一批意志力。

此时，如果你的意志力总量是100分，“决定坚持”用去20分，“决定做好”用去30分，“做出计划”用去40分，那么，面对实际工作中的困难，仅存的10分意志力，当然一触即溃。

自我损耗的概念由鲍迈斯提出，该概念“用于描述人们对自己的思维、感受和行为的调节能力减弱的过程”，即随着意志力的不断运用，人们最终会因为意志力用尽而屈服。一个简单的例子是，当我们陆续把各种甜点放到一位减肥者的面前，当他克制过自己10次、20次之后，他可能最终会“崩溃”，去品尝这些美味。

当工作已经很难做时，我们更要摆脱可能的自我损耗。我们无需再将过多意志力耗费在“决定坚持”“决定做好”上，而要从一开始就将大部分意志力用于指定计划和执行计划。如此一来，我们才能面对各种困难阻碍。

其次，切忌自我欺骗。

弗洛伊德将人的精神分为“本我、自我、超我”三大部分，由于社会规范和道德规范的存在，在本我、自我、超我的联系对立中，人们的心理活动也往往变幻莫测，自我欺骗也由此出现。

在做好工作这件事上，自我欺骗常常出现，主要表现为：

其一，“做好工作”的承诺。

当你说出“我要坚持做这份工作，并坚决将之做好”时，一个残酷的现实是，这句承诺可能只是“自己骗自己”。

人们的“本我”遵循着享乐原则，即避免痛苦，追求个体生物性需求的满足。

为了更好地享乐，我们可能会欺骗自己“我要做好工作，更轻松地挣更多钱”——做出这样的承诺很轻松；但进入下一步之后，“做好工作”却并非轻松的事情，因此，我们的自我欺骗也失去效用，工作自然无法真的做好。

其二，“工作做好”的认知。

工作越难做，我们想要做好这份工作，就需要制定越详细的计划，并逐步完成。在计划执行的过程中，我们的意识总会提醒我们完成TODO清单，而在TODO清单清空之后，我们的意识说出一句：“做完了，休息吧！”，然后就此“消声”。

此时，我们确实做完了计划中的任务。然而，任务完成的过程、任务完成的情况，以及完成之后的回顾，是否都做好了呢？答案却可能存疑。

最后，避免过度焦虑。

人们的工作效率与心理焦虑水平之间，其实存在一定的函数关系，这种关系大致表现为一条倒“U”型曲线，即：随着焦虑水平的提高，我们的工作效率会不断提升；但当到达某一临界点之后，焦虑则会阻碍我们的工作。

焦虑一般被认为是一种负面情绪，但其实，适度的焦虑对于做好工作具有积极意义。在适度的焦虑下，我们的工作积极性、主动性都会增强，克服困难的意志力也会增加。这也是很多时候领导让你“紧张起来”的原因。

然而，面对困难的工作，因为难度的极大提升，我们往往会陷入过度焦虑，这就会导致我们患得患失、害怕出错，当我们过度紧张与认真时，反而阻碍我们发挥应有的工作和学习能力，使得工作无法做好。

焦虑情绪的来源，除了内在原因之外，还有一大重要外因——他人的关注。个别人可能会表现出“人来疯”的状态，即关注的人越多表现越好；但大多数人并非如此。

当工作较为简单，或者我们能够完全掌控时，他人的关注会让我们表现更好，因为这能让我们获得荣誉感和成就感。但当工作本身难度就很大时，他人的关注反而会加剧我们的焦虑，导致工作效率降低。

## 8.4 / 不跌倒几次，你怎么知道自己能爬起来 /

有育儿经验的人都清楚：孩子学步时，即使跌倒了，甚至摔破皮哭了，也尽量让孩子自己爬起来。这不仅能有效缩短学步时间，也可以培养孩子的毅力。

我们都是这样学会了走路，但到职场上，很多人却似乎忘记了当初父母的培养：不敢跌倒，跌倒后也不知该如何爬起来；好不容易挣扎着爬起来，却更加畏首畏尾，害怕再次跌倒。

周星驰是无数人眼中的“喜剧之王”，但在他从影初期却一直只是个“死跑龙套的”。立志成为演员的周星驰，当初在考香港无线电视艺员培训班时，连考三次，均以失败告终，最终只得托关系，才能进入夜间班学习。

而当初陪他去考试的梁朝伟，却一朝选入，毕业之后更是通告不断，第二年就主演《鹿鼎记》中的韦小宝一角。相比于梁朝伟的名利双收，周星驰在毕业之后却只能成为儿童节目主持人。虽然努力寻求各种演出机会，但周星驰也只能扮演各种路人甲乙丙丁。

直到六年之后，周星驰才迎来演艺生涯转折点：1988年，周星驰参演李修贤导演的《霹雳先锋》，并凭此荣获金马奖最佳男配角。

在周星驰的龙套生涯里，有一部就是1983版《射雕英雄传》，他当时饰演一名被梅超风打死的“小兵甲”。当时，他就向副导演提出：“我可不可以用手挡一下九阴白骨爪，第二掌再死？”周星驰得到的当然是一顿责骂：“死就死，哪那么多事，浪费时间。”虽然被拒绝，但周星驰却背地里研究各种死法，并最终精心选择了一种死法：当九阴白骨爪拍向头顶时，他面露惊惶之色，双眼与嘴巴都张到最大，然后一掌被拍死。

在成功道路上，没有人未曾跌倒过。如果我们站在周星驰的人生中，我们有无数次放弃的机会，但在这无数次的跌倒中，周星驰都只做出一个选择——爬起来。

如果周星驰哪怕一次选择放弃，他都是演艺道路上的失败者。但正是因为他一直选择爬起来，他才能最终成为成功者——如梁朝伟一样。

在职场上，我们要如何获得成功？其实很简单，爬起来的次数比跌倒的次数多一次即可。无论跌倒多少次，只要我们最后一次能够爬起来，我们就是成功者；而那些不敢爬起来、不愿爬起来、不能爬起来的人，则是失败者。

对待跌倒，我们要秉持的心态很简单，那就是爬起来。

首先，跌倒不可怕。

孩子们都怕疼，所以害怕跌倒。但在玩耍时，有的孩子仍然会尽情地奔跑，直到跌倒，再爬起来玩耍……他们玩得很开心，而有的孩子则坐在妈妈的怀里，看着他们很开心地玩着。

在职场上，跌倒又如何呢？正如跌倒只是玩耍的一部分，跌倒也是职场成功的一部分。一次职场失意，并不意味着我们失败了，它只意味着我们暂时还没有成功，我们只需爬起来继续往前走即可。

相比于跌倒，不敢爬起来才是最可怕的。因为你失去了前进和面对挫折的勇气，而失去这种勇气，你距离成功只会越来越远。就如孩子跌倒后，不敢爬起来、不敢再走路，那就只能坐在妈妈的怀里，看着别人玩耍。

其次，爬起来才是成功。

在很多人眼里，跌倒是一件很“丢脸”的事：“别人做这行都做得很好，我却一无所获，那不是显得很没用，我就当我也很好吧……”跌倒不可怕，当你跌倒在地时，无论如何掩饰，都会被看穿。

此时，何必为了所谓的“脸面”而不愿爬起来呢?

没有人未曾跌倒过。在周星驰一直跌倒时，星光璀璨的梁朝伟同样跌倒过。如今的梁朝伟被看作演技派，拥有一身忧郁沧桑的文艺气质。但当初那个轻易获得成绩的梁朝伟，也曾被看作“花心浪子”的代表，各种花边新闻层出不穷。之后在跟随王家卫导演的过程中，梁朝伟才不断锤炼演技，成为文艺片的宠儿。

一帆风顺的职场需要警惕，相反，一个不断让你跌倒的职场，却值得珍惜。因为在这里，你能够不断地获得成长。但如果你跌倒时不愿爬起来，那就是浪费成长的机会，而领导也不需要这样的员工。

最后，学会爬起来。

想要爬起来，但没有能力爬起来?不要希冀于他人的帮助，你必须学会自助。“天助自助者，自助人恒助之”，在遇到困难险阻时，你寻求帮助的第一目标，不是别人，正是自己。

在跌倒时，别人的帮助可以依靠，但却不足以依赖，因为别人不会出现在你每次跌倒时，不能每次都给予你恰到好处的帮助。

没有人会承认自己是“笨蛋”，那我们为何不能自助呢?

自助第一步，正视缺陷。当你跌倒时，说明你一定有不足与缺陷。你或许可以隐瞒别人，但不要欺骗自己。正视自己有缺陷的事实，这并不丢脸，毕竟，谁能肯定自己是完美无缺的呢？正视缺陷，然后找到自己的缺陷。

自助第二步，改正缺陷。找到自己的缺陷与不足之后，就制定针对性的计划，去改正。没有机会，就主动寻找，甚至创造机会；心绪浮躁，就沉下心来，让心沉淀下来；能力不足，就继续学习，不断提升能力……

自助第三步，等待成功。跌倒只是暂时没有获得成功，即使连续跌倒，也并不足以下定论：“我不适合，我不是这块料，我还是换一份工作吧。”成功其实就是坚持爬起来，直到有一次爬起来之后，你发现自己不再跌倒。

## 8.5 / 弯路能成就你的阅历与技能 /

林泽最近这段时间遇到的烦心事不少。最烦的一件事就是他去年因为工作不顺心离职，决定换个行业；但上个月，他又离职了，又过了一年，他觉得，之前的行业虽然传统，却更加适合自己。林泽觉得自己白白浪费了一年的时间，绕了一大圈又回到了原点。

“早知道就不离职了……”当林泽在酒桌上向好友哭诉、抱怨时，他的好友表示理解和感同身受，甚至帮他分析这种情绪和现状，分析如何找到前进方向，并鼓舞他继续前进。林泽十分感激，也很疑惑：“你怎么这么懂？”好友的答案是：“因为这些弯路我都走过啊。”林泽很惊讶：“以前都没听你说过。”

职场总有弯路，但你不可能避过所有弯路，走一条直线直达你的目标。事实上，有时候即使能避过，也不妨尝试一下，因为弯路能成就你的阅历与技能，有时甚至能让你更快到达目标。

弯路其实是选择的后果。当我们因为当初的选择，走上这条路时，不要急着调整方向，先分析情况、现状，再整理收获，并做出合适的调整。

第一步，当初为何选择这条“弯路”？

对待弯路，很多人唯恐避之不及。但避开就能让你快速到达目标吗？事实上，有时候，走弯路反而是条捷径；相反地，有时候，走捷径反而变成绕弯。

你可能玩过迷宫游戏，在游戏中，如果你一直朝着出口的方向走，你可能要走更远的路，还会遇到不少陷阱；但如果你走过几条弯路，却可能走得更加顺畅，说不定能更快到达目标。而一切后果，其实都是你最初的选择带来的。

在这个日新月异的市场，你在变，竞争在变，市场也在变。

今天的弯路，可能在明天却是一条捷径；今天的独木桥，可能在明天会变成康庄大道。还有更重要的一点是，今天的弯路，可能昨天在你眼中是条捷径。

基于对现状的认识，你认为自己在走弯路，或走过了一条弯路。此时，不要急着懊悔，不妨先回忆一下："当初为何走到这条路上？"

林泽在决定离职并换行业时，也有着他自己的考虑。林泽认为，原本的工作做得不舒心，工作氛围很差；另外，自己虽然工作了两年多，但仍然没有多少长进，自己可能不太适合。因此，林泽在对市场环境进行分析之后，决定从事更加火热的互联网金融行业。

一年之后，当林泽认识到自己走过一条弯路，决定回归之前的职业轨道时，他首先要做的，并非回归，而是重新认知当初的选择，从而避免再次走上弯路。

首先，当初的选择是否合理?

林泽在第一份工作上做得不舒心，这可能并非这个行业的问题，而是这个公司的问题，或许换个职场就能解决；

林泽觉得自己不适合那份工作，这可能并非自己的能力问题，而是因为"做得不舒心"，所以没有认真工作成长。

处于一年前的环境下，林泽的选择完全可以变为跳槽换家公司，但他的选择却更加彻底——换行重新开始。而换行的唯一依据是，行业前景广阔。这种选择明显存在不合理之处。

其次，当下的认知是否合理？

经过时间证明，互联网金融确实前景广阔，但如今，林泽又认为自己不适合互联网金融行业，想要回归老本行。这种认知又是否合理呢？

我们对于“弯路”的判断，其实是基于对现状的认知。我们基于当下的条件，以结果倒退，发现我们走过一条弯路，或走在弯路上。

然而，如果我们走上这条路的选择本身不合理，那么，我们如今对于“这条路是弯路”的判断是否合理呢？如果我们走上这条路的选择本身合理，那么，我们是否应该先深入分析，再坚持下去，而非轻率地放弃？

第二步，在“弯路”上收获到什么？

当我们确认自己走过一条弯路，那么，我们耗费了大量的时间和精力在这条弯路上，我们真的毫无收获吗？

正是因为在互联网金融行业的一年工作经验，林泽认识到：智能化办公发展迅猛，在互联网金融公司，很多人工工作被计算机取代，人工能发挥作用的场景越来越少，但也越来越尖端。

基于这种认识，在决定回归老本行时，林泽也决定：一方面分析这些智能化手段，是否能够移植到传统行业，并整理报告提交给领导，借此获得“加分”；另一方面着手应对智能化趋势，不断提升自己的工作能力，让自己变得不可替代——不可被计算机替代。

人生阅历是宝贵的，人生匆匆不过八十载，职场生涯不过四十年。无论我们走过怎样的弯路，这都意味着，我们见过更多的风景，做过更多的工作，这些都会带给我们相应的阅历与技能。

因此，即使是弯路上的经历，我们也要压榨出全部的价值，让弯路帮助我们能够更好地前进，甚至是通过分析转化，将之变为职场生涯的捷径。

弯路和捷径可以相互转化，关键就在于你是否善于挖掘并利用你的阅历与技能，并找到其中的结合点。

第三步，调整前进的方向。

在第一步时，我们通过对选择弯路和弯路性质的重新认知，能够找准我们走上弯路的深层原因，以及我们自身存在的问题。此时，我们就能对未来进行更加准确的判断，从而避免再次走上弯路。

在第二步中，我们则压榨出弯路的全部价值，分析我们在弯路上的收获，或是阅历，或是技能。这些收获我们都要整理归纳，而非因为是弯路上的经历，就对这段经历“全盘否定”。

结合以上两点，我们就可以规避上次的错误，并结合最新的经验，开始着手调整前进的方向。

此时，我们最好尽量为弯路上的阅历与技能找到发挥空间。

在最近这条弯路上的收获，也即最新的收获，如果不能尽量为其找到发挥空间，可能随着时间的推进，它只能变为一段阅历的积累，因为过时而无法创造更大的价值。因此，在调整前进方向时，我们要尽量将这段弯路嫁接、融入。但如果找不到结合点，也不要强行嫁接，以免做出“马脸驴尾”的四不像。

如何寻找结合点呢?

你首先要对未来的职业生涯有全面的规划，并对现有的阅历与技能有深入的认知；然后将二者进行“碰撞”，从而找到其中的结合点。比如林泽在碰撞之后，就找到传统行业办公智能化这一结合点，并认识到人工逐渐被智能取代的趋势，从而在这两方面对未来进行规划。

Optimum Position

# 第 9 章

# 高效能职场人士的6个为什么

## 9.1 / 为什么做不好手上的工作？ /

“高效能”是很多职场人士梦寐以求的一个境界。每个职场人都想成为高效能职场人士，然而，是什么造就了一个高效能的人呢？通过机械地重复工作，还是依靠大量的知识积累，或是比拼工作速度？

单独来看，似乎描述都不准确，但很多人对于高效能的理解正是如此，即：在短时间内完成很多工作的能力。然而，高效能职场人士的衡量标准并不在于工作量，而在于工作价值，真正的高效能应当是：在最短的时间内创造更大价值的能力。

举例来说，张三用一天时间搬了一千块砖，同样在一天的时间内，李四用CAD制作出一份建筑模型。相比而言，谁的效能更高呢？无疑是李四，因为一份建筑图纸的价值，远高于一千块砖。

公司之所以为职工提供工资报酬和各种激励，正在于职工创造的价值。而在追求更高效能之前，我们首先要做到一点，那就是完成本职工作，创造出与工资相匹配的价值。

如果连手头工作都做不好，又何谈高效能呢？

然而，现实却是，很多职场人真的连手头工作都做不好：在绩效考核中，他们每次都处于中下游；在日常工作中，他们总是被领导喊去谈话；即使是在跳槽面试时，他们都无法把手头负责的工作介绍清楚……

追求高效能的职场人，为何连手头工作都做不好呢？

原因一：“非我所愿，非我所能”。

如果一份工作，你根本不喜欢，也不适合，你只是被迫从事，你又怎么可能在这份工作上，创造更大的价值呢？此时，你做不好手头工作，也在情理当中。

“@麻辣小龙虾”就在网上提过这样的问题：

“我是学中文的，一直想做记者，但是毕业之后回到了老家，在爸妈的安排下，进了一家事业单位，每天的工作内容都是很简单的整理文件、帮领导订机票、安排行程等，我觉得根本没有任何技术含量，但是更糟糕的是，这样简单的工作我还总是出错，感觉很挫败，应该怎么办？”

在考虑关于行业和职业的就业问题时，需要兼顾众多因素，包括行业前景、职业“钱景”、父母期待、朋友推荐、配偶就业等各种因素，但在这其中，自己喜欢与否、合适与否，往往被排在最后。

很多时候，我们从事一份工作，都不是因为自己喜欢，只是因为觉得这份工作挺好。然而，如果我们不考虑个人意愿，我们又怎能肯定，我们的性格和能力适合这份工作，我们能够饱含激情地投入其中呢？

当你总是做不好手头的工作时，先想清楚：“你喜不喜欢这个职业，适不适合这个行业？”如果答案为否，请放弃无用的努力，先重新确认自己的职场定位。

原因二：缺乏基本办公技能。

职场有许多基本办公技能，最基础的有Word、Excel、Outlook等，除此之外，还可能涉及SAP、ERP、SQL等软件，在Excel中也有进阶技能Vlookup、Hlookup、数据透视等……

这些都是职场的基本办公技能，但却是完成手头工作的必备技能。否则，别人只需一个公式就做完的工作，你却在用计算器不停地加减，最终还可能计算错误，如此一来，你又怎么可能做好手头工作？

在日常工作中，除了某些进阶办公技能之外，几乎不会有人教导你。此时，如果你请教同事，也会给同事留下“不专业、不职业”的印象。因为这些技能其实并不复杂，你只需花一点心思就能自己学会。而学会这些技能，对于完成手头工作，乃至成为高效能职场人士，都颇有助益。

原因三：无法搞懂工作内涵。

每个职场所需的工作能力都有所不同，每个公司的工作流程也不尽相同，如果在进入职场时，没有弄清这里的工作到底要如何去做，自然做不好手头工作。为何会弄不清一份新工作呢？一般而言，原因可以分为两点：其一，老员工不愿教你；其二，你怎么都学不会。

对于第一点，你首先要明白，老员工没有手把手教导新员工的义务。如果老员工不愿意教你，或只是敷衍了事，不要将锅甩到老员工身上。一般而言，如果不是空闲无聊、心情很好，老员工不会主动、耐心教导新人。此时，你要做的就是让自己变得“讨喜”，赢得老员工的喜爱，从而让他们耐下心来，手把手教你。

至于第二点，可能有些问题，老员工已经跟你说过很多遍，但你就是学不会、做不好。即使如此，不要怀疑你的智商或能力。之所以如此，很可能是因为这家公司的工作流程十分复杂，或与你的工作经验差别较大。此时，你可以跟着某个老员工，与他同步做事，跟上同事的步伐。另外，在闲暇时，多与同事聊聊，尽量深入了解你的公司、团队和工作。

原因四：只会待人不会处事。

读多了职场厚黑学的人，会把圆滑通融的人际关系摆在职场能力首位。对于融入团队、提高效能而言，人际关系能力确实很重要，但它并非最重要的能力。

在今年的招聘季，小美与几位应届生一起进入一家公司实习，她们也被编入一个小组。因为在入司之初，小美就表现得很活跃，并主动做些传达、沟通的工作。因此，当选拔小组组长时，大家也一直推选小美担任。

然而，在工作一个月之后，大家就发现，小美虽然交际能力很强，但工作能力却十分有限。老员工对她的评价也是："没看出有啥工作能力，就是靠着一张嘴而已。"领导因此找到小美与她谈话，大概内容就是：尽量低调一点，潜心提高工作能力。

在职场，待人是重要的润滑剂，但处事才是核心能力。如果手头工作都做不好，人际能力再强，也无济于事。因此，如果你把职场厚黑学当作核心能力，做不好手头工作也可以理解，毕竟，每个人精力有限。

## 9.2 / 为什么比别人忙，收获却比别人少？ /

可能每天上班时，你一直都在忙碌着，别人却可以悠闲地玩着手机；

可能每天下班时，别人直接拎包就走，而你却拿出手机开始点外卖；

可能每到周末时，你都只能在通过别人的朋友圈，环游世界、吃遍天下……

然而，当绩效考核出来时，你仍然排名靠后，而别人却拿着你两倍的奖金，继续“潇洒”。

打开朋友圈，里面总是充斥着“忙！忙！忙！穷！穷！穷！”的信息，似乎每个人都在哭诉着“忙成狗，又穷成狗”。为什么我们明明比别人忙那么多，收获却比别人少更多呢？

即使再忙，也请抽出点时间来思考下这个问题，否则，你可能只是在白忙活。

近年来，时间管理日渐火热，每个人都在构思如何让自己的时间得到充分利用。所谓时间管理，其实就是一种行动管理，是关于如何提升行动效率的理论。如果你每个行动都能快速而准确，自然可以用更少的时间，做出更大的成果，从而获得更丰富的收获。

关于时间管理的书籍、文章有很多，其中的各种理论案例，让人眼花缭乱，但其核心内容其实只有那么几点。在真正着手行动之前，我们首先要静下心来，为行动做好准备。其关键主要有两点：

关键一：主动收集。

你可能有过这样的体验：在地铁上胡思乱想的时候，突然想到好几个行动的想法，觉得十分可行，然而，因为旁边的人挤了你一下，或者因为到站下车，就耽误了这几十秒的时间，你再一回神，刚才的想法已经完全想不起来。

这就是灵感，灵感就像林中的小鸟，有时看不到一只小鸟，有时却出现一只鸟群，它们东跳西窜，你看见了它们的身影，但只一瞬间，它们就又消失不见，你再也抓不住。

职场收获不仅需要努力，更需要想法，只有对想法进行收集与整理，你才能不断改善自己的行动效率，在遇到问题时也能游刃有余。

Daniel喜欢胡思乱想，也经常产生各种灵感。但每次，他却主动放弃想下去，为什么呢？Daniel有段时间一直为一个工作难题感到苦恼，后来这个项目被其他同事接手，他也就没有继续纠结于此。有一次在公交上，Daniel突然想到解决这个难题的思路，但转念一想，这个项目已经不归他负责，他就没再想下去。

还有一次，Daniel突然想起未来的职业规划问题，想到自己的发展方向，但稍微想下去没多久。他就觉得："实在太麻烦了，以后再想吧……"

就这样，大部分灵感都被Daniel主动放弃。等到再次遇到难题时，他还是手足无措；等到真正遇到职场十字路口时，他仍然迷茫无措。

无论在职场上，还是在生活中，灵感都难能可贵，如果让它们就这样飞走，未免太过可惜。很多灵感，即使当下看似无用，可等到问题找上门时，你才会感到懊悔。

如Daniel这样主动放弃灵感的人有很多，而更多的人其实是下意识地"假装没看到"。譬如看到一本书，觉得："嗯，有些道理，我应该这么做。"然后，就没有然后了。等到再捡起这个念头，或者已经是猴年马月。

因此，当我们产生什么灵感时，就主动记录下来，等到有时间时，再深思下去。如此一来，这些灵感也将落到实处，帮助你更有效率地行动。

关键二：思考为先。

史蒂芬·柯维在《高效能人士的七个习惯》中写道："任何

事情都有两次创造，一次是智力创造，一次是体力创造。”

在体力创造之前，我们一定要先智力创造。以码头搬运工为例，若没有智力创造，他们大概会靠肩扛手提去搬运，一天下来很忙，但收获有多少呢？若智力创造在先呢？使用滑轮、杠杆、推车等各种工具，不用那么忙，却可以收获更多。

没有智力创造作为前提的体力创造，一定会让你“忙成狗，累成狗”，而得到的收获却特别少。因此，在着手行动之前，一定要先想想，思考一下如何去做。那么，我们要思考什么呢？一般而言：

我要做什么？

我为什么要做？

做成的标准是什么？

我要花多少时间去做？

有什么方法可以提高效率？

我可以交给别人去做吗？

我可以在何时做？

如何避免拖延？

……

很多人在做事前不经过思考，他们可能会有自己的借口：“想那么多干吗，做的时候不就知道了？想再多，不做有什么用？”确实，思考需要行动去落地，然而，无思考的行动，其实，正是你比别人忙却收获更少的原因。

## 9.3 / 为什么一件事重复做了两次？ /

你躺在沙发上，悠闲地吃着苹果，只剩一个果核时，你将它裹着纸巾扔向不远的垃圾桶——没中！于是，你不得不起身捡起果核，将之扔进垃圾桶，并去阳台拿来拖把，将地板拖干净，再将拖把洗干净晾在阳台上，然后回到沙发上躺着……

在生活中，我们总是会有这样的体验：明明想要偷懒，最终却“偷鸡不成蚀把米”，反而因此付出更多的劳动。在职场上，很多人同样如此，明明可以一步到位的事情，却重复做了两次。

很多职场人士认为，第一次没做好没关系，还可以修改和弥补。且不谈修改和弥补需要额外耗费多少时间与精力，事实上，在职场上，很多事情并不像丢苹果核一样，你没做好，就没有再补救的机会了。

华为“狼性理念”中有这样一条准则：“知道不等于做到，做了不等于做好。做了是0分，做好才是100分。”

任何事情，我们只有明确工作内容，并心怀最终目标，才能做到并做好，成为100分的高效能职场人士。具体而言，如何去做呢？

第一步，明确工作内容。

领导把你喊到办公室，安排给你一项任务，你听完之后，就满口答应，表示会尽快圆满完成。但等到工作时，却发现有些细节不是很清楚，这时，你很纠结："是否要再问下领导呢？会不会被认为无能？"于是，你揣测着意思，把工作做完。等到向领导汇报工作时，却被劈头盖脸一顿骂："我让你做的是什么？你给我的是什么？你到底会不会工作？"

想要避免一件事重复做两次，你首先要明确工作内容。如果你连工作细节都不清楚，你又怎么可能做得好呢？你甚至都做不到工作的基本目标，因为你对此也尚未明确。

很多职场人在接受领导任务时，都会如此，满口答应之后，自己揣测着做完。结果，事情是做完了，但却被打上0分。

即使一次揣测正确，让你得以完成任务，但"常在河边站，哪有不湿鞋"。与其耗费大量的时间和精力去揣测，并冒着工作错误、再来一遍的风险，不如在一开始就搞清楚。工作当中如果出现疑惑，也不要纠结犹豫，然后想当然地做，最好是向领导询问、确认清楚，再继续工作，以免出错。

第二步，心怀最终目标。

每件事都有一个目标，你丢果核是为了让它进入垃圾桶，你做工作是为了完成任务。而想要让一件事一步到位，你一开始就要怀着最终目标去做，宁可慢一点做到最好，也不要快一点导致重做。

Ekko在一家企业管理咨询公司担任资深咨询师。有一位客户上门咨询如何开好一家日式料理店，在缴纳了大笔咨询费之后，Ekko成为他的“专属咨询师”，为其日式料理店的筹备工作提供全程咨询服务。

Ekko首先问了他一个问题：“你想要开一家怎样的料理店？”客户的答案是：“让客户舒服、满意。”

于是，Ekko跑遍了整个城市，根据位置、环境、布局、租金等多个要素，最终确定了店址；之后，又请装修公司制作了详尽的装修方案，甚至涉及到厨房、洗手间的角落，连客户听了都觉得实在详尽得有些“过分”。

等店面装修完成之后，客户走进去一看，只有一个感觉就是“舒服”。

此时，客户就觉得可以开门营业了，但Ekko却说道：“您先不忙着开业，我建议您再等一个星期。在这一周内，你尽量请更多的亲朋好友来免费试吃。但免费试吃也是有条件的，那就是：吃一次，就要提供一条有价值的建议。这样，等到你开门营业的时候，就能尽可能地让客户满意了。”

客户采纳了Ekko的建议，果然，等到开业之后，这家日式料理店迅速赢得客户认可，甚至在微博、微信上广泛传播，成为“网红”。

只有一次把事情做到位，你的效能才能提升到最大，你的职场竞争力也会因此提高。而要一步到位，你得先知道“位”在哪里，即最终目标是如何。

从一开始就心怀最终目标，考虑清楚其中的各种细节，才能做到最好。宁可慢一点、细致一点，也不要因为求快，而导致一件事重复两次。很多人觉得这是一种“偏执”，但这其实是一种智慧，因为在这样的“慢”当中，有细致、周全和思考。

## 9.4 / 为什么离开工作就融不进圈子？ /

孤身一人在深圳奋斗，Hilton一直都希望能够多几个朋友，让自己的程序员生活能够更加精彩。在职场上，Hilton与同事的关系其实还算融洽，下午茶时光能够有说有笑，午餐也能聚在一起进食。然而，令Hilton犹豫的是：为何每次非工作时间的同事聚会，自己都只能从朋友圈看到呢?

程序员的工作性质，决定了Hilton的工作离不开频繁的加班。

每当下班之后，Hilton都拖着疲惫的身子回到家里洗澡睡觉，周末要不加班，要不就是睡到中午起来玩玩游戏。然而，同事们却常常会聚会，加班之后一起去吃夜宵，周末约着玩桌游或“开黑”……Hilton很少被邀请，有时在工作的闲聊时间，当谈起这些话题时，Hilton也只能默默地做个听众。

明明工作时还能聚在一起，为什么离开工作就融不进圈子呢？

这是Hilton最纠结的问题，也是很多职场人共同面对的问题。有的职场人面临的问题更加严重：“打饭的时候看着几个同事坐在一起有说有笑，但等自己端着餐盘过去坐下，瞬间就陷入可怕的沉默……”

“物以类聚，人以群分”，虽然有人的地方不一定就有江湖，但有人的地方一定有圈子。

根据形成原因，职场的圈子大致可以分为两类：

第一类，兴趣圈子。这类圈子里的同事一般具有共同的爱好，比如桌游、游戏、八卦、购物等。这类圈子十分普及，人们都倾向于与具有共同爱好的人聚集在一起，一方面可以能够满足自身兴趣，另一方面有助于信息的沟通。而对于高效能职场人士而言，兴趣圈子也能够促进相互之间的了解，进而推进工作上的合作。

第二类，派系圈子。这类圈子属于“职场政治”的一部分，一般由利益和权力维系形成。最简单的如团队圈子、部门圈子，别的团队、部门的同事就很难融入。虽然公司一般不喜欢这种圈子的存在，但它也具有一定的积极意义，即将圈子内员工凝聚在一起，从而实现圈子内的团结。

圈子的形成基于兴趣或派系，然而，一个真正的圈子不会仅局限于职场这一场景，在工作外时间，他们也经常会聚在一起，或玩游戏，或逛商场、或吃饭唱K……也只有如此，圈子内的凝聚力才会不断提升，进而发挥圈子的效用。

此时，如果你离开工作就融不进圈子，自然就无法享受到圈子带来的红利。那么，究竟是什么阻挡着我们融入圈子的脚步呢？

首先，不愿融入。

在谈论如何融入圈子之前，我们首先要明确：我们是否愿意融入圈子？

很多人在被问及“为何同事聚会，你都不参加？”时，都会给出这样的答案：“我也不缺可以尽情聊天、喝到断片儿的朋友，为何要改变自己，去融入他们呢？”

且不谈这种理由是内心想法还是自我安慰，但正如前文所述，融入职场圈子，有助于我们成为高效能职场人士。职场绝非一个人的职场，若没有同事的支持，你不可能创造更大的价值。如果你对合作伙伴的了解仅限于职场，你们的合作也必然会出现隔阂，而同一圈子里的同事则能合作更加默契。

无论内心想法如何，但在职场之上，融入圈子都是必需的。我们不仅要在工作时间与同事合作愉快，也要在闲暇时间通过其他活动加强交流、增进感情。

如果你认为："那些虚伪的人情，苦心的经营，都是给自己找不痛快。"其实，这种想法才是"给自己找不痛快"。相反，如果你真正融入到圈子当中，你会发现：你将因此获得一个强大的后盾，而你的职场生活会更加丰富，工作效能也会大幅提升。

其次，不会融入。

很多人都知道，赞美他人是融入圈子的最快捷手段。然而，可能在加了所有同事的微信之后，每逢同事发表动态，你必点赞。但即使赞了500次朋友圈，你还是融入不了对方的朋友圈。这又是为什么呢？因为你没有掌握到赞美的诀窍。

萧伯纳说："每次有人夸奖我的时候，我都会非常困扰，因为他夸得还不够。"

每个人都有渴望被赞美，但与此同时，每个人又都不喜欢赞美别人。其实，相比于赞美，我们可能更喜欢批评别人。此时，我们即使想赞美别人，也可能会被认为"夸得还不够"。

如何赞美别人？

我们可以先来体验这三句赞美：

第一句，“你穿这件衣服真好看。”

第二句，“你穿这件衣服真好看，我上次在电视上看模特穿过类似风格的，我当时就想在哪能买到。”

第三句，“你穿这件衣服真好看，我之前就想过要买件这种风格的，但就怕我没这种气质，穿在我身上不好看。”

相比而言，你更能接受哪种赞美呢？无疑是后两句。如果有人用第三句话来赞美你，你可能还会反过来赞美她：“哪有，我觉得你的气质也很合适啊，不试试怎么知道呢。”

每个人都喜欢被赞美，但如果只是一句“真棒！”，或一次点赞，那只会让人觉得不走心。想要让对方感到你的真诚，你的赞美就要尽量具体，哪怕再微小的闪光点，你也要点出来。

当然，赞美强调的是适度，你既要避免“夸得还不够”，也要避免“夸得太用力”，这反而让人觉得虚伪。另外，在赞美时，你可以尝试适当放低姿态，甚至是采用“自嘲”的手段，往往会有奇效。

最后，选择圈子。

有人的地方就有圈子。即使在一个仅有50人的办公室里，也可能存在多达10个圈子。你当然不可能融入所有圈子，事实上，很多圈子之间甚至处于“敌对关系”。

因此在努力融入圈子之前，你也要先选择合适的圈子。此时，你需要掌握以下三个原则：

原则一：分享，而非评论。圈子是分享信息的有效渠道，你可以借此提前获悉很多确定信息，比如人事调动、项目调整、战略改革等，这有助于我们掌握公司近况，并做好准备。但要注意的是，在圈子里，分享的是客观信息，而非主观评论信息，否则你就是给自己找麻烦。如果你在这里随意评论他人或吐槽公司，可能隔天这些话就会传到别的圈子里，直到整个公司都知道。

原则二：支持，而非冲突。圈子是为了促进信息分享、团队合作，从而让圈子协助自己提高工作效能。融入圈子的目的正是获取圈子支持，但现实中，圈子却经常成为职场斗争的焦点。如果一个圈子聚众排外，甚至引发职场冲突，那它不仅不会提供支持，反而把你拖入漩涡。

原则三：中立，而非游离。面对职场中的众多圈子，如果可能的话，你最好尽量与所有圈子都保持友好关系，而非加入派系当中，以免成为派系斗争的牺牲品。当然，保持中立关系，并非让你游离于所有圈子之外，那样只会让你成为职场边缘人。

## 9.5 / 为什么计划总完不成？ /

为了更好地完成更多的工作，我们总是需要制定各种计划。想成为高效能职场人士，确实离不开一份严谨的计划。但让人尴尬的是，几乎每过几个月，我们都要重新制定计划——因为上份计划已确定无法完成。

如果计划无法完成，计划的效用自然为零。如果计划失效，我们也不可能成为高效能的职场人士。

小王总是苦恼于计划无法完成。其实，看过他的计划表，你会发现计划内容并不复杂，堪称适量。但为何完不成呢?

以小王的英语成长计划为例。小王在手机里装了扇贝单词，每天都会坚持打卡。每天10个单词量并不多，坚持打卡的小王看着自己的单词量不断上涨，对此十分满意。但在一个多月之后，他发现单词越来越复杂，每天记住10个单词也很变难。

为此，小王找到很多英语达人求助，也查阅了很多资料。一晃两个星期过去，小王的英语成长计划也因此搁浅，但答案无非都是“坚持下去，死记硬背”。一晃又两个星期过去，小王决定不再耽误时间，转而开始日语成长计划，英语成长计划也就此遗忘在角落。

我们制定的计划并非无法完成，事实上，在计划制定之初，我们都觉得这个计划很容易完成。但在执行计划的过程中，我们却会发现，一路至少会遇到各种各样的阻碍，这是我们在最初未曾想见的。

往往就是因为这些阻碍，我们的计划变得停滞不前，我们又因为这种停滞而最终放弃计划。

为什么计划总是完不成？如果我们不能认清这个问题，就永远无法按计划成长为高效能职场人士。那么，我们到底应当如何按质按量完成计划呢？

第一步，清单提醒。

每个人可能都有这样的体验：周末安排了超市购物计划，并预想了许多需要购买的物资，但从超市回家之后，却总是发现有些东西忘了买。

人类的大脑很有用，但有时候也没那么管用，它记不住那么多事，也无法同时完成太多工作。如果我们的计划都记在大脑里，那么我们很可能会陷入无尽的焦虑，总是感觉："这个也要做，那个也要做。这个终于做完了，那个没时间做啦……"

因此，在制定计划之后，我们一定要按此制作TODO清单，让电脑软件或手机APP提醒我们按时完成计划。

在制定TODO清单时，也有几个要点：

其一，条理清晰。我们可以写一份详尽的计划，但在制作TODO清单时，最好条理清晰，尽量简洁地写明要做的事项，以免整份TODO清单看起来乱七八糟，让人无从下手。

其二，分类制作。TODO清单不止一份，我们可以按照需求，制作多份清单，比如每日TODO和每周TODO，或是晚间TODO和晨间TODO。TODO清单一般需要按照时间线制定，因此，也要避免各个事项出现时间冲突。

其三，结果导向。TODO清单是我们的行为规范，因此，我们要制定一份结果导向的清单，即：当我做到哪一结果，这个事项就可标记完成。只有明确预期结果，才能让我们动力十足。

第二步，要事为先。

TODO清单是按照时间线制定，但我们的各项计划却有轻重缓急之分。即使我们一天完成了十个小任务，却没有完成一件要事，当一天过去，我们也会因此感到焦虑，我们的计划也会因此出现问题。

博恩·崔西在《吃掉那只青蛙》中写道：

“如果你每天早晨第一件事就是吃掉一只活青蛙，那么，你会欣喜地发现，今天没有比这更糟糕的事情了；如果你必须吃掉两只青蛙，那就从丑的那只开始。”

这里的“青蛙”，正是指代那些重要的事情。每件要事都意味着具有一定的挑战性，而面对这种具有挑战的工作，很多人的想法可能是：“先放一放，我先做完那些简单的事，再来做这个。”结果一天过去，还没吃掉这只“青蛙”。

在执行计划时，我们一定要把要事放在第一位。即使其他小任务都没完成，我们也会因为要事都已经做到，有成就感和自豪感。

那么，究竟哪些事项算作要事呢?

首先，着眼眼前。按照四象限分类法，要事就是那些重要且紧急或重要不紧急的事项；

其次，着眼年度。以年度目标为准，要事就是那些与该目标相契合的事项；

最后，着眼长远。以未来收益为准，要事就是那些你现在持续做，在未来能获得收益的事项。

第三步，专注眼前。

当你的计划制定完成、TODO清单制作完成之后，之后要做的就是——专心完成。

然而，在工作和生活中，总会出现各种事项“偷走”你的注意力。可能在不知不觉之间，你的时间就由此过去，你的计划也由此失败。

计划总是完不成的一个关键原因就在于：无法专注于执行计划，导致计划失效，进而放弃执行。

如何培养专注力呢？典型的方法有“番茄工作法”，这一方法早在1992年就被提出，但却不失为一种简单易行的有效方法。具体方法如下：

“使用番茄工作法，选择一个待完成的任务，将番茄时间设为25分钟，专注工作，中途不允许做任何与该任务无关的事，直到番茄时钟响起，然后在纸上画一个X短暂休息一下（5分钟就行），每4个番茄时段多休息一会儿。”

第四步，批量处理。

智力创造，要在体力创造之前。那么，在完成计划时，我们是否能通过智力创造，找到一些更快完成计划的小窍门呢？

有一个窍门很简单，却很实用。事实上，在日常很多人都无意识地使用过，那就是批量处理方法。在计算机上，我们可以把同一类操作交由软件程序批量处理；而在生活中，我们也经常说过这样的话：“你出门的时候，顺带把垃圾扔了；你回来的时候，顺便带份晚饭……”

在完成计划和TODO清单时，我们也可以使用批量处理的窍门：把同一场景下的工作放在一起完成，以免时间被人为碎片化。比如在周末上午需要完成哪些任务；在微信、邮箱有哪些任务，可以放在一起一次性解决；在外出办事时，有哪些任务可以一并完成……

## 9.6 / 为什么加班的总是你？ /

没有职场人从未加过班，尤其是在很多互联网企业，核心部门加班更是一种常态。然而，即使部门90%的人都加班，也有人跟玩儿似的完成工作，到点就拎包走人。

陆怡涵毕业后的第一份工作在一家互联网公司，在投递简历时，她就被“扁平管理，弹性工作”所吸引。面试时，HR也明确告诉她：“只需保证当天的工作时间足够8小时即可，至于早上8点来，还是10点来，都没有问题，下班时间顺延即可。”

一周之后，陆怡涵才明白，虽然说是“弹性工作”，但大家基本都遵循朝九晚六的工作时间。陆怡涵入职时正是市场旺季，因此，加班也成为常态，但有一个同事却是例外。

每次谈论起他时，同事们都会称呼一声“大神”。因为无论工作多忙，他一天似乎都有不少的空闲时间，而在大家普遍加班的那两个月，他的加班次数屈指可数。有的人认为他只是在“糊弄”工作，但当年终绩效考核出来时，他不仅工作量排在前列，综合绩效也排在第二位。正是因此，他的“大神”之名也得到广泛认可。

在努力成长为高效能职场人士的路上，加班无疑是最大的阻碍。回顾一下高效能的概念，即：在最短的时间内创造更大价值的能力。如果你创造更大价值的方法，只是工作更长时间，那无疑是与高效能背道而驰。

刨去工作量确实太大，只有加班才能完成的因素之外，为什么有的人可以玩儿似的完成工作，加班的却总是你呢？其实都是在工作效率和时间管理上出现问题，详细来说，主要有三大原因：

第一，加班文化。

在谈及频繁加班时，很多职场人会无奈地说：“我也不喜欢啊，但公司就是这样的文化，你看每个人都在加班，你好意思到点就走吗？”

很多公司明明没有很多工作任务，但却逐渐形成了一种加班文化，即使没有加班费的承诺，所有员工也都不约而同地将下班时间延后。长此以往，一旦准点下班或走得比别人早，反而会心生愧疚：“大家都在加班，我这么早走，是不是不太好？领导会不会有意见？”

但他们却忘了，下班时间有明文规定，做完手头工作准点下班，没有丝毫问题。这其实就是加班文化的“洗脑作用”，让人不得不融入进去。在这样的加班文化下，很多人将加班时长当作自身工作价值的体现，甚至是向领导邀功的方法。因为领导要的只是结果，而非过程，加班在领导眼里，往往是高效的反义词。

陆怡涵在刚进入公司时同样如此，作为新人的她并没有被安排太多工作。她每天早上九点不到就到达公司，按规定，下午五点多就可以下班。然而，因为看到同事都在加班，虽然手头已经没有工作，她仍然留在工位上，把简单的资料再看几遍，直到其他同事开始陆续离开。

在有加班文化的公司，切勿被这种文化感染。因为无效地加班，无法让你创造更多的价值，而你却不得不将时间白白耗费在工位上。这些时间，你明明可以用来自我提升或休息。

第二，效率低下。

与同事逐渐熟络之后，陆怡涵曾经“观摩”过公司“大神”的工作，那次“观摩”让陆怡涵叹为观止：只看到各个页面不断切换，各种公式不断复制粘贴，再敲击几次回车键，一个流程只用了十几分钟就已完成。

反观自己，由于对Excel不熟悉，陆怡涵当初为了制作一张统计表格，整整耗费了一个多小时的时间。即使后期熟悉之后，也需要花费半个小时，而“大神”却只用了十几分钟。

在团队里，还有一位同事几乎每天都最后一个走。陆怡涵好奇地问他原因，他的答案是："白天一般都没什么精神，到下午三四点开始，才能投入到工作当中……"

这些其实都是工作效率低下的表现，而成为高效能职场人士的一个必要条件就是，不断提升工作效率。如果标准工作量是1小时创造100元的价值，高效能职场人士只需0.5小时就可以创造100元价值，或可以使用1小时创造200元价值。而总是加班的你，一小时却只能创造80元的价值。

第三，被动加班。

公司是一个合作型组织，只有各部门、各流程无缝衔接，才能尽可能地提升效能。然而，如果公司内部协作出现问题，就可能导致整个公司陷入效能困境，引发被动加班。

假设公司的工作链按顺序分为A—B—C，三者层层递进，你身处C部门。公司要求在当天完成某个项目，但每天A部门中午才完成第一阶段的工作，B部门接手之后，下午五点才完成第二阶段的工作，此时，身处C部门的你，就只能被动加班，以完成该项目。

如今，大部分公司创造效益的模式其实都是流水线模式，而在这条流水线上，不断传递的不仅有工作，还有各种信息。如果某环节的工作延时完成，必然导致后面环节需要加班工作；如果信息传递在其中发生失误，也必然导致整个流水线陷入紊乱，导致工作时间延长。

解决被动加班问题的核心，就在于沟通。站在领导层面，要确保各部门之间的有序协作；而站在员工角度，也要主动沟通，并确保信息准确及时地传递，从而提升效能，让每个人都可以准时下班。

第四，琐事干扰。

如果你手头这部分工作需要15分钟完成，但还有5分钟就是午休时间，你会选择现在做完，还是下午再做？

在同样的前提下，如果还有5分钟就要开部门会议，你会如何处理？

日常工作中，总会出现各种各样的琐事干扰，比如同事闲聊、部门会议、各种邮件。因为这些琐事，你的工作时间不得不被切割为一段段碎片。

我们都知道，只有在一段完整的、无干扰的时间内，我们的工作效率才能达到最高。而各种琐事可能耽误不了多少时间，却可能导致我们的思维因此转移，想要重新进入状态，就不得不再花费一些时间。可能等你好不容易再次进入状态，又出现了某些琐事，让我们不堪其扰。

然而，职场工作就是如此，我们不可能完全规避协作与沟通，一个人单打独斗。对此，我们唯一的处理方法就是把时间的控制权牢牢握在自己手里：找到你工作效率最高的时间段，如14:00—16:00，在这个时间段里，关闭可能对你造成干扰的信息源，并告诉同事："如非紧急事件，可以先发邮件说明，待自己完成手头工作再做处理。"

Optimum Position

# 第 10 章
# 跳槽是门技术活，创业是条不归路

## 10.1 / 选择永远比努力更重要 /

沈博阳的头衔有很多，他是前Google中国区战略合作负责人，是糯米网创始人，也是LinkedIn（领英）全球副总裁兼中国区总裁。沈博阳在40岁时做到这个位置，在很多人看来已经堪称“人生巅峰”，但在他本人看来，却不过是刚刚渐入佳境。

在南开大学就读期间，沈博阳与很多学生一样，认真学习却不爱学习。拿到两个学士学位，考过托福和GRE，沈博阳成功拿到加州大学洛杉矶分校的奖学金。主修环境化学，正是在出国留学的期间，沈博阳第一次对学习产生了兴趣，并最终转到计算机专业。因此，27岁时，本应博士毕业的沈博阳，才终于研究生毕业。而美国人的平均就业年龄是21岁。

此时，沈博阳选择了在小公司踏踏实实地做码农。直到2005年，32岁的沈博阳成功进入Google，他当时的职位仍然只是一名工程师。回到中国时，沈博阳的工作转变为商务拓展。

在Google离开中国之际，面对跳槽压力，其他同事都选择等条件：年薪150万，团队大于100人。即使很多国内大型互联网企业向沈博阳抛出橄榄枝，但他最终决定创业，并创办了糯米网。糯米网历经千团大战、百团大战，成为幸存的佼佼者，在被卖给百度之后，糯米网也最终成为国内团购市场仅剩的两大王者之一。

将糯米网卖给百度时，沈博阳再次走到人生的十字路口：是留在糯米，跟着百度将糯米继续做大做强，还是再选择一个项目重新创业，或是其他选择？

最终，沈博阳加入LinkedIn。

沈博阳认为："之前很多看似平凡的努力，都是一个积聚能量和厚积的过程。"而加入LinkedIn的选择，使得他的"厚积"终于得以"薄发"。

首先，未来因选择而不同。

选择永远比努力重要。在沈博阳40年的努力中，他做过无数次选择，而最关键的选择屈指可数：出国留学；转变专业；加入Google；创办糯米；加入LinkedIn。任何一个选择的不同，都可能造就不一样的沈博阳，他可能在国内或国外研究环境化学，可能成为一名高级工程师，也可能成为拿着150万元年薪、管着100人的团队……

在蝴蝶效应的理论体系下，我们今早选择吃韭菜盒子而非豆浆包子，可能就影响到50年后，我们是成为篮球明星还是金融高管。每一个微小的选择，都可能带来巨大的改变。

我们永远不清楚，在每个选择之后，我们会走向怎样的未来。同样，如论我们今日处于何种境地，其实都是之前的选择所决定的。

其次，选择在于预判未来。

蝴蝶效应的理论，似乎将我们引向未来的不可知论。确实，我们不可能准确预判未来的某个时点，但我们在做每个选择时，其实都能对短期内的走势进行预判。

沈博阳在加州大学洛杉矶分校主修环境化学时，在学术上进步很快，他的导师也对他很好，在两年时间内，沈博阳就已发表两三篇学术论文，并通过了博士候选人考试。

此时，在考虑转专业的选择时，沈博阳就明确地知道：如果继续学习环境化学，就能在27岁左右成为博士，继而成为博士后、教授，然后重复着“拿经费，招学生，写论文”的生活；如果改学计算机，确实能够满足自己浓厚的兴趣，至于未来则尚不可知，而在当下，首先却要面对导师失望的眼神。

在人生的大部分时间里，我们都过着平凡的生活。想要把握住人生中的每次选择，让每次选择都堪称正确，这毫无可能。我们只要把握住人生中仅有的几次重大决定即可。

每个人都会遇到这样几次重大决定，大学选专业、毕业选行业、工作选岗位……当职场生涯受阻时，我们又面临跳槽、转行和创业的选择。

人生就如一盘棋局，有的人可以下一步看十步，有的人只能看三步，有的人只能看一步。关键不在于能看到多远的未来，关键是对未来的正确判断。只要能正确认识市场前景和现状、自身能力和兴趣，把握住关键几点，走一步、看一步也能做出正确的选择。

最后，选择之后就努力去做。

选择决定了我们的未来往哪走，而努力则决定了我们的未来能走多远。

选择永远比努力重要，但并不代表努力无用，而是要将努力用在正确的选择上。事实上，也只有不断努力，我们才有选择的机会；只有不断努力，我们的选择才能够得到检验。

若非在加州大学洛杉矶分校认真学习，并长期混迹于四通利方BBS，甚至自学搭建网站，选择计算机学的机会，也不会被放到沈博阳眼前。

若非在Google证明了自己的能力，沈博阳也无法加入落地团队（landing team），回到中国从事商务拓展工作，他在之后也无力创办糯米网。

很多人的计划性很强，在他们的规划中，可能涵盖未来十年。但往往半年之后，这份规划就被扔到垃圾箱，因为计划永远赶不上变化。我们不可能看到十年后的自己，因为变量实在太多。

当我们做出一个选择之后，要做的就是把握好当下。

相比于费尽心思规划自己未来十年的成长道路，我们不如把握好决定未来三五年的选择，并就此脚踏实地去做。与其为了不可知的未来迷茫无措，不如在此时读一本书、学一项技能。

## 10.2 / 跳槽不是跳楼，得“系好安全带” /

在就业市场，一直流传着一个传说：“日本人都是终身雇佣制，即日本人会在一家公司工作一辈子。”这当然只是一个传说，对于国内多数职场人来说，更是不切实际的传说。

除非拿着事业单位或国企等“铁饭碗”，跳槽对于多数人而言都很正常。尤其是在当下，跳槽更加普遍，甚至出现3、4月的常规“跳槽季”。

事实上，当公司不合适或发展受限制时，跳槽确实是一个可选的选项。能在竞争越发激烈的就业市场，通过跳槽找到一个真正适合自己的职位，也不失为一种超强能力的表现。

然而，在选择跳槽的过程中，你到底是被迫跳槽，还是从容不迫呢？你是否站在跳槽最佳的时机上？在你选择下家的过程中，你又是否看清前路、明确方向？下一个职场又是否真正适合你？

跳槽是门技术活，只有“系好安全带”，你才能越跳越高，否则，你可能就不是在跳槽，而是在“跳楼”。毕竟，“跳槽有风险，辞职需谨慎”，一不小心，你就跳到坑里，乃至“跳楼身亡”。

首先，为何要跳槽？

你究竟为什么要跳槽？或者说，现公司有哪些让你不堪忍受的现状？

大多数人的跳槽原因可以归纳为以下几种：

对薪资水平不满；

对团队氛围不满；

对工作内容不满，或者想要进入新的领域；

公司无法提供足够的发展空间、转岗机会；

没有升职、加薪的机会。

只有想清楚了为什么要跳槽，才能有针对性地寻找合适的下家。否则，可能就是从一个坑跳入另一个坑，得不偿失。

张明海因为无法忍受上家公司里复杂的人事关系，而决定跳槽。着急跳槽的心态，使得他在跳槽的过程里进入了“当局者迷”的状态，跳槽的结果也不尽人意。可见，在决定跳槽之后，一定要给自己一段时间的过渡期，在这段时间里，想清楚跳槽的原因，然后才能据此寻找合适的下家，多方面的比较和思考之后再做决定，否则可能把跳槽变成了“跳楼”。

其次，想跳到哪里？

当明确自己跳槽的原因，确实合理时，你就可以开始选择下家。而在更新简历之前，你也要弄清楚你想跳到哪里。只有如此，在跳槽时，你才能针对性地投简历，针对性地选择合适企业去面试。

例如，如果对薪资有要求，可以在接到面试之前，简单咨询一下岗位的薪资范围。如果低于自己的心理预期，就没有必要特意去面试，毕竟面试成本也很高，确定人才预算之后，大多数公司都不会给出更高的工资。

如果是因为想要升职而跳槽，那么你首先要审视自己是否已经具备更高层次的经验和能力，其次，在投递简历的时候，看清对方的岗位细则和要求，是否与自己的预期和能力相匹配。

很多人在跳槽时，采取“海投”的策略，即“不管三七二十一，投了再说”。但在之后，不停地应付各种电话和面试，反而会耗费你大把的精力，等到真的遇到合适的下家时，你却因为“面试疲劳”，而错失机会，那就得不偿失了。

在面试时，作为求职者，我们也要练就火眼金睛。如今，各个行业都呈现出一个共性，即创业公司层出不穷。这些公司虽然为求职者提供了更多的机会，但为了竞争人才，很多公司也会抛出“糖衣炮弹”。

比如重点说明具有诱惑力的福利政策、岗位晋升计划，却刻意隐瞒很多会让求职者有顾虑的实际情况，从而“诱骗”求职者加入，但入职之后，公司情况却让求职者大跌眼镜。因此，在面试前，我们就要明确自己的需求，在面试时，也要向HR或者部门主管了解清楚，以免“上当受骗”。

最后，跳完还想跳？

每个岗位都需要一定的成长周期，比如专员需要3年才能成熟，而成为高级经理则需要5—10年。在积累经验的过程里，最有利的方式，是能够在一家较稳定的企业里，逐渐学习和成长。

如果跳槽之后不过一年，又想跳槽，那之前的跳槽就是失败的。

你一定要避免陷入“跳槽陷阱”，很多人在通过跳槽升职加薪，“尝到甜头”之后，就觉得跳槽更有利于职场发展，因而每到一年“跳槽季”，自己也蠢蠢欲动。然而，事实上，频繁地跳槽会打乱你的职场节奏，甚至会荒废你之前的经验积累。

因此，在跳槽的时候，要全面、详细地了解对方公司，包括产品构架、岗位职责、岗位晋升空间以及人才培养计划等等。从而做出最终的决定，以免在跳槽之后，又想跳槽。

李羽伊在毕业后4年的时间里，有5次跳槽经历。经历过不同的行业、不同的公司、不同的岗位，比如快消行业的管培生、电商行业的运营专员、金融行业的产品专员。在职场辗转打拼四年，如今她终于确认选择了金融行业，但李羽伊正在准备又一次跳槽，因为她想从事金融运营岗位……

不可否认的是，跳槽是一项技术活。每个人都希望跳槽能够自己带来薪资的提升、职级的晋升以及更大的展示自己能力的平台。但是，跳槽的结果是否能够满足自己的基本预期，就要看每个人的“技术”了。

一次跳槽的失败，并不会带来较严重的后果。但是如果每次跳槽都不尽如人意，那带来的后果将是长期且严重的。求职者在跳槽的过程中要摆正自己的心态，避免为了跳槽而跳槽，避免急功近利而适得其反。

每个公司都有自己的优势和劣势，这些优劣对于求职者来说都是相对的。每个求职者的客观情况不同，适合的公司也不同。故此，求职者在摆正心态的基础上，客观地分析自身情况的同时，在茫茫多企业里找到适合自己的企业和志气相投的上司。次次跳槽都成功的求职者很少，但次次跳槽都不成功的求职者也很少。

了解自己的需求，了解企业的需求，了解自己的求职目标，了解企业的文化和岗位规划，才能在跳槽的路上，越跳越高，而不是跳到一个又一个坑里，最后跳到楼底。

## 10.3 / 只为高薪就别跳了，可能是个坑 /

跳槽为了什么？根据前程无忧的调查显示，超过90%的人认为：跳槽是获得升职加薪机会的最佳方式。据有关调查数据显示，有80%的白领因为不满意目前的薪资情况选择跳槽。薪酬作为工作的基本目标，也是很多人跳槽时的第一目标和核心理由。

如果你现在的月薪是8000元，这时，有猎头为你提供了一份年薪20万元的工作机会，你跳不跳？大多数人都会给予肯定的回答。但你会不会犹豫一下，疑惑一下：为什么开出这么高的薪资？这背后会否有陷阱？自己会不会跳到一个坑里呢？

张成伟在业内一家大型公司做了两年的人事专员，月薪6千元。正当他因为某些原因准备跳槽时，更新简历还没多久，一位猎头打来电话："某公司正在招聘人事主管，我看您的简历挺匹配的，月薪在12000元左右，您看是否有兴趣？"张成伟忙不迭地点头。

经过长达两周的面试、背调流程，张成伟成功拿到这份人事主管的工作。谈及这份飞跃性的跳槽，张成伟认为："我虽然只做了两年专员，但却是在大公司。这家公司只是一家创业公司，进来做主管，也未尝不可。"

结果，半年之后，张成伟因实习期考核不达标，被劝退。对此，张成伟认为错不在自己。

由于习惯了大公司的制度化工作流程，在这个初创公司，所有流程都得张成伟自己制定。而公司组织架构的不同，也意味着张成伟无法将之前的完全复制过来。

除此之外，公司对于人事部的岗位预算，只足够招聘两个初级专员。下属经验不足，这就意味着，大量的人事工作，几乎都积压在张成伟自己身上。下班之后，张成伟还经常无偿加班，对下属进行培训。

辛辛苦苦半年时间，得到的却是考核不达标的结果，这让张成伟十分失望。此后，他用了三个月的时间才把心态调整过来：一方面是辛苦努力被劝退的失望；另一方面则是跳槽的尴尬，因为这份资历不足以支撑张成伟跳槽人事主管，而做了半年主管之后，再从专员做起，也未免有些膈应。

跳槽确实是升职加薪的最佳机会，但如果只为了高薪就跳槽，却难免会跳到坑里。

第一坑："短命"高薪。

每个企业的组织架构都有所不同，最明显的差异就处于国资企业、外资企业、民营企业和创业企业之间。纵使你在这一行业经验丰富，但换了一个公司，却可能面临水土不服的问题。

张成伟早已习惯大公司的流程化、制度化工作模式，当他进入一个创业公司之后，确实赢得了升职加薪的机会。却最终因为水土不服，让自己做了半年的无用功。

在初入职场时，多数人都会选择规模较大的公司，因为在这里能够学习到更多的经验。但在跳槽时，创业公司往往更具薪资优势，因为他们有一股冲劲儿，对于人才也求知若渴。一般而言，跳槽到创业公司，能够获得最大的涨薪幅度。

然而，与高薪资相对应的，创业公司对于人才能力也有着更高的要求。同一个岗位，在大公司的有效工作时长可能只有5个小时，但在创业公司，却可能长达10个小时。也就是说，我们不仅在正常工作时间要满负荷工作，除此之外，还可能面临长时间的加班。

如果你没有看清高薪资背后的高要求，或者不具备相应的高能力，那么，即使你跳槽成功，也可能只是拿到一份“短命”高薪。可能是因为绩效考核不过关，可能是自己承受不住工作压力，最终不得不逃离这份高薪工作。

第二坑：志趣不合。

在就业市场上，我们很难找到一份绝对满意的工作，即薪资满意、氛围满意、前景满意。如果薪资不足，我们的生活需求难以得到满足；如果氛围差劲，我们的工作也不会开心；如果前景狭隘，我们也无法实现自我价值。

当我们为了一份高薪跳槽时，我们唯一确定的就只有高薪，因为不进入企业，就不可能认清职场氛围，也无法准确判断公司前景。

很多人在接到猎头的高薪面试邀请时，都兴趣满满，在初步考察过公司背景之后，如果合乎预期，就会接受这份新的offer。然而，在进入公司后不足一个月，有些人就会后悔。

后悔的因素主要有：团队里都是小圈子，自己根本融入不进去；公司管理模式十分粗犷，管理架构混乱；公司突然加薪，或组织架构调整……

融入一个职场，往往需要很大的时间成本。当我们放弃现在的工作时，往往就要面对新职场与自己志趣不合的风险。事实上，这种风险发生的概率很高。因此，当我们难得融入到一个职场中时，切勿因为现在存在的一些小问题，就奔向高薪的新工作。因为，新职场的问题可能更加严重。

第三坑，降职加薪。

如果你现在的职位是总监，年薪30万，这时，有份经理的机会放在你面前，年薪40万，你会选择吗？

如果你现在的职位是主管，年薪15万，这时，有份高级专员的机会放在你面前，年薪20万，你会选择吗?

在跳槽时，我们经常会面临这样的选择。如果仅仅为了高薪跳槽，那么，多数人都会选择新的机会。

然而，如果这份新工作除了薪资更高，其他方面都降一级呢？工作内容变枯燥、负责范围变窄、掌控资源变少，这样的选择是否是一次亏本买卖?

反过来看，如果你现在的职位是经理，年薪40万，这时，有份总监的机会放在你面前，年薪30万。在这个总监岗位上，你的工作内容更多彩、负责范围更宽广、掌控资源更丰富，你会选择吗?

此时，你大概也能看清楚：每一次跳槽，确实是升职加薪的好机会，但薪资绝非唯一的选择要素。只有综合考虑所有要素之后，才能做出选择。如果忽视其他要素，只为高薪跳槽，就可能跳进坑里。

## 10.4 / 创业是条不归路，你不一定玩得转 /

曾经，一提起创业，很多人都会竖起大拇指，觉得这个人很厉害、有胆魄。但近几年间，在“大众创业，万众创新”的国家号召下，越来越多的年轻人走上创业道路。有的是家境殷实，有父母支持；有的是野心满满，想开创时代；有的却是不想打工，只想创业……在各种各样的背景下，创业道路开始从独木桥，变成很多人眼中的康庄大道。

然而，事实却与很多创业者的期待相反。它不仅不是一条风调雨顺的康庄大道，甚至可能是一条不归路。

留学归来的周琦怀抱一腔热血，决定依靠海外所学和父母支持，抢占互联网金融市场。与他一同留学的赵宇，在收到周琦的邀请后，两人一拍即合，都认定互联网金融是目前发展趋势迅猛的行业，决定一起创业。

可是，还未踏出第一步，他们就被现实泼了一盆冷水。

初步计算了前期投入之后，二人发现融资成为了最大的难题之一。他们制作了一篇详细的创业计划，开始走遍融资市场。但无论是国内外知名的投资公司，还是行业内的天使基金，或是一些个人投资者，都没有人支持这两个只有满腔热血的年轻人。

当时，两人虽然心灰意冷，但并有放弃创业的决心。于是，两人重新做市场调研、公司架构体系研究，发现仅靠手里的钱，只能支持创办一个只有五人的工作室，而资金也不足以保证另外三人都是精英人才。辛苦忙碌了大半年的时间，二人终于被现实的耳光扇醒，明白创业不是说说而已，没有金刚钻就是揽不成瓷器活。

实际上，周琦和赵宇的创业案例，在众多创业案例中，甚至算是结果偏好的一个。因为他们的决心虽然遭受“毁灭性”的打击，但好在一切都仍停留在纸面上，虽然有所投资，但并没有造成眼中的经济损失。

然而，如今很多创业公司在艰难地起步之后，却将自己套入资金的牢笼，供不应求的资金需求，使得很多创业者反而成为专业的融资者。创业者的时间和精力，大部分都耗费在寻找投资者上。

即使如此，很多公司仍然倒在C轮融资上。市场巨鳄的垄断，竞争对手的强势，公司内部的管理不善，都可能成为压倒骆驼的最后一根稻草。而创业这条不归路，使得很多创业者最终财尽人散 。

创业是一条不归路，创业者不可能都是成功者。大部分的创业者并不具备玩得转的实力和能力。“创业是一条不归路，只有死在路上的人，没有回头的人。”想要走上创业这条路，一定要经过深思熟虑，全面深入地考虑创业后的每一个细节，争取每一个环节都有Plan B，甚至是Plan Z，从而确保创业道路上的风险都处于可控当中。

在选择创业这条路时，你一定要先审视自己是否具备一个创业者的能力，周鸿祎在接受采访时曾说：“创业者第一素质就是学习的能力； 第二个素质是做事的能力；第三个素质是影响他人的能力；第四个素质是执着力、坚持力。”盲目创业、冲动创业的结果，就是你将走入玩不转的死角，在这个死角里孤独地等待死亡。

详细来说，创业者究竟需要怎样的能力，才有资格走上这条不归路呢？

第一，具有野心，把握机会。

在这个互联网行业与传统行业相互碰撞的行业，在“一切都可‘互联网+’”的时代背景下，存在太多的创业机会。但在真正创业时，很多人却只知道开个咖啡馆、做个电脑维修、做个微商代理……如果只有这样的眼光，你就不适合走上创业路。

无论最终结果如何，在创业初期，我们一定要有“开创时代”的野心，如马云开创电商时代，如谷歌开创智能时代……只有在这样的野心下，我们才能走得更远。如果一开始就只想开个咖啡馆，那最好的结果也无非是开个咖啡馆而已。

我们的野心决定了创业的上限，而发现并把握机会的能力，则决定了我们的创业能否成功。市场存在太多的创业机会，但有的人错过了，有的人则失败了，在野心之下，把握不住机会，也只是一种妄想。

第二，对外坚持，对内坚决。

想要在创业这条不归路上玩得转，坚持是必需的品质。而创业者要坚持的客体，并非创业本身或赚取金钱，而是理想。

虽然创业是条不归路，但我们仍然可以找到很多的创业方向，仍然可以找到很多的赚钱机会，如果你只是坚持创业或赚钱，那在十年之后，可能你的创业项目，早已与当初相去甚远，甚至南辕北辙。

因此，在创业大方略上，创业者一定要坚持理想。在实现理想的过程中，或许我们会进入别的公司学习经验，或许会连续三年保持亏损，但只要坚持下去，我们终归有实现理想的那一天。

这种坚持需要被融入到整个公司的基因当中。随着公司规模的不断扩大，内部员工的声音也开始变得响亮，当他们开始追逐盈利，当他们想要跟风改革，当他们搞起职场政治，作为公司创始人，你一定要用手中的权柄，坚决执行既定的方针。

李彦宏说："做CEO最主要的工作是KILL ideas，提十个想法，九个我都会说NO。"在公司内部管理中，创业者确实需要一定的民主，但由于创业之路的艰难，公司倒了，员工或许可以再找东家，而你却再无回头路。因此，面对员工提出的重大议题，要慎重说"YES"，即"听多数人的意见，和少数人商量，自己做决定"。

第三，敢于冒险，降低风险。

创业路是一条需要冒险精神的道路，你永远不知道自己的公司能否活到第二年。任何创业者在走上这条路之前，都应当已经做好这样的心理准备："立志做海贼王的男人，怎么会以为海上只有风平浪静呢？”

然而，敢于冒险，并不代表盲目冒险。在对创业未来的分析中，你究竟要冒什么险？同行的创业者是否也要冒这些险？如果这是大家共同的冒险，那么，相比于别的创业者，你的优势在哪？你需要面对的风险更小，还是承受风险的能力更强？

面对波涛汹涌的大海，面对海上的狂风暴雨，我们凭什么扬帆起航？或许我们拥有更坚固的船只，或许我们拥有更强劲的动力，或许我们的家底更加丰厚……如果你家徒四壁，只有一条小舢板，或许给渔场主打渔为生，才是更好的选择。

## 10.5 / 创业不是短跑，做好长期抗战准备 /

“毕业创业，三年C轮，五年上市，走上人生巅峰。”——少年，醒醒吧！创业不是短跑，创业三年能够实现盈利，创业十年能够获得A轮融资，在创业路上都已经算作成功。

你要知道，冰淇淋第一品牌哈根达斯在赢得市场认可之前，连续亏损长达8年；罗莱家纺在一线市场同样亏损8年，才赢得行业龙头的地位；“杯子连起来绕地球一圈”的香飘飘，此前卖了10年的棒棒冰，每根利润不足1分钱……任何创业公司的成功，都不是一场短跑，而是在长期不利局面下的马拉松。

在这场长期抗战中，任何一次失利，都可能导致全盘皆输；但一次让你骄傲的成功，却可能只为你赢得再一次挑战。很多创业者将创业看作短跑，因此一遇到风吹草动，就偃旗息鼓；但他们却不知道，在马拉松比赛当中，最终的获胜者在最初却可能被半数人超越，直到后程逐渐发力不断赶超。

首先，“身体是革命的本钱。”

很多人对于创业的印象是这样：“大学生辍学创业，每天工作20小时，只休息4小时。于是，他们在短短18个月内，就成为价值10亿美元公司的老总。”但如果你真的这么做了，短时间内或许效率不错，但却是以健康为代价，这绝对得不偿失。

在一场持续3天的战役中，你或许可以不吃不喝不睡，坚持到最终获得胜利；但在一场长达8年的抗战中，你还能一直保持不吃不喝不睡吗？如果你真的这么做，无需敌人如何做，你早在第一年就已经累死了。因此，毛主席也总结出这样的革命智慧：“身体是革命的本钱。” 健康的体魄，再加上积极、乐观的心态，天塌下来也不再可怕。

创业确实需要“ALL IN”的勇气和决心：可能职场人只在工作日工作，周末就可以尽情休息，但对创业者而言，却没有周末与工作日的区别；可能别人下班之后都可以看看真人秀，而创业者，却仍然需要制作各种计划书……但“ALL IN”并不代表要把健康也全部投入。

如果面对紧急情况或特殊任务，需要熬夜加班在所难免，但不要养成这样的习惯。尽量保持每天8小时的睡眠，保持饮食健康和规律，并适当锻炼运动。如果你不能照顾好自己的身体，你的身体也不足以支撑你照顾好你的公司。

其次，“头几个雇员是非常重要的。”

“头几个雇员是非常重要的。”这句话流行于硅谷的创业者之间，如果你想创业成功，那么，在最初招募员工的时候一定要谨慎，无论是合伙人、员工、投资者都是如此。

对于初期雇员的选择依据，关键并不在于有资源、有能力、有资金，而在于有共同的愿景。他们相信你的愿景，愿意与你共度周末，你喜欢他们……如果缺乏这一点，那在未来的某一天，你们最终会闹翻，而闹翻之后，最大的输家就是作为创业者的你。

除此之外，虽然“全才”在成熟公司并不吃香，但对于创业公司的价值却远高于专业精英。因为资本、规模的限制，我们很难向成熟公司那样，为每个职能部门招纳专门的人才。在一个十人的创业公司中，无论是业务，还是财务、法务、技术难题，可能都需要这十个人坐在一起探讨，因此，一个“全才”往往能发挥更大的价值。

只有在这样一群拥有共同愿景及“全才”的雇员，才能与你共同度过创业初期的艰难。如果员工进来只想着高工资，却不想与你一起周末加班或聚会，不愿处理岗位外的事务，那就不要把时间和资源浪费在这样的员工身上。

第三，“把钱花在刀刃上。”

创业者想要长期抗战，就要明白“三军未动粮草先行”的道理，很多创业者最终失败其实就败在一个“钱”字上。

创业者的资金来源其实十分有限，除却自身和家庭的积累以及合伙人的投资之外，在初期亏损或盈利有限的情况下，就只有融资，而创业者的融资难问题也十分普遍。

因此，在“开源”无从下手时，就只有“把钱花在刀刃上”，从而实现“节流”。在创业初期，切忌把钱花在以下方面：华丽的办公场所、聚会、各种会议以及太多的员工。

华丽的办公场所对于创业者而言，没有任何实质意义，而无意义的聚会和会议，则纯粹是浪费金钱。至于员工，在创业初期，只要够用即可，在规模有限的情况下，更多的员工并不能创造更多的价值。

事实上，创业者的每月开销，完全可以将员工作为基数。硅谷创业公司的开销有一个粗糙的公式，即：员工数×1万美元=每月开销。

需要注意的是，“节流”千万不要“节”到员工福利上。对于创业者而言，初期雇员即使没有股权，也是你最重要的合作伙伴，为他们配备舒适的办公椅、人体工学的电脑外设，应有尽有的餐饮、下午茶，以及健康福利。如此种种，并非浪费资金，而是通过提升雇员幸福感，让他们愿意与你一起面对创业路上的各种危机，并提升雇员生产力。

最后，“不要毁了社交生活。”

即使在创业的最关键阶段，也不要因为创业毁了自己的社交生活。如果你的生理和心理长期处于创业的紧张状态，在面对各种创业难题时，你很可能会陷入“脑袋一团浆糊”的状态。

和朋友聚聚、参加喜欢的户外活动，甚至玩会游戏，这些短暂的社交生活，虽然与你的创业完全无关，但却有助于调节你的生理或心理状态。有时候，甚至在社交娱乐时，灵机一动，就把某个创业难题解决了。